U0695427

中国情感哲学的当代复兴

蒙培元"情感儒学"研究

黄玉顺 著

四川人民出版社

图书在版编目（CIP）数据

中国情感哲学的当代复兴：蒙培元"情感儒学"研
究 / 黄玉顺著 . —成都：四川人民出版社，2024.1

ISBN 978-7-220-13565-1

Ⅰ.①中⋯　Ⅱ.①黄⋯　Ⅲ.①情感—研究
Ⅳ.① B842.6

中国国家版本馆 CIP 数据核字 (2024) 第 023341 号

ZHONGGUO QINGGAN ZHEXUE DE DANGDAI FUXING: MENGPEIYUAN "QINGGAN RUXUE" YANJIU

中国情感哲学的当代复兴：蒙培元"情感儒学"研究

黄玉顺　著

出 品 人	黄立新
责任编辑	王定宇
装帧设计	李其飞
责任校对	舒晓利
责任印制	祝 健
出版发行	四川人民出版社（成都三色路238号）
网 址	http://www.scpph.com
E-mail	scrmcbs@sina.com
新浪微博	@四川人民出版社
微信公众号	四川人民出版社
发行部业务电话	（028）86361653　86361656
防盗版举报电话	（028）86361661
照 排	成都木之雨文化传播有限公司
印 刷	成都蜀通印务有限责任公司
成品尺寸	170mm×240mm
印 张	10.75
字 数	148千字
版 次	2024 年 1 月第 1 版
印 次	2024 年 1 月第 1 次印刷
书 号	ISBN 978-7-220-13565-1
定 价	58.00 元

■版权所有·侵权必究

本书若出现印装质量问题，请与我社发行部联系调换
电话：（028）86361656

目 录

心灵境界：中国哲学的超越阐释

——评蒙培元《心灵超越与境界》*

　　何为中国哲学的真面目、真精神？这是本世纪的中国哲学史家、哲学家始终都在关注思考的一个重大基本课题。然而尽管见仁见智，本世纪的中国哲学研究却有一个共同点：以西律中。人们是用西方的思维模式来梳解中国的哲学传统，即便是现代新儒家也未能脱俗。这种状况直到新时期乃至90年代才有所改观，人们开始意识到要用中国本身的思维方式来理解中国的哲学传统，否则终是隔雾看花、隔靴搔痒。在这种"以中说中"的努力中，蒙培元先生的独树一帜是世所公认的。而我们面前这部新著的问世，则标志着蒙先生对于中国哲学的不懈探寻又达到了一个新的高度：以对"心灵境界"的解读来对中国哲学作出"超越"的阐释。

　　这部著作既可看作是对作者自己学术思想的一次阶段性的总结，同时也可看作是对整个20世纪中国哲学研究的一种独特角度的总结。

　　作为对作者过去关于中国哲学研究的丰硕成果所进行的一种总结，我们可以从中看到一种如朱熹所说"豁然贯通"式的彻悟。蒙先生对中国哲学研究的历程，似乎可以分为三大阶段：

---

　　* 原载《社会科学研究》2000年第2期，第155-156页；收入《情与理："情感儒学"与"新理学"研究——蒙培元先生70寿辰学术研讨集》，黄玉顺等主编，中央文献出版社2008年版；收入作者文集《走向生活儒学》，齐鲁书社2017年12月版，第112-117页。

（一）"主体思维"阶段。1. 先是《理学的演变》《理学范畴系统》，对中国传统哲学的最高峰宋明理学进行了一纵（历史的结构）一横（逻辑的结构）的梳理；由此突显了理学的核心——"人"的"心性论"问题。2. 接着便是《中国心性论》，慨然应对现代新儒家，由宋明推扩到整部中国哲学史，由理学推扩到儒、道、释；由此又突显出中国哲学的思维特征——"主体思维"问题。3. 再接下来则是《中国哲学主体思维》，阐明中国哲学主体思维乃是认知、情感、意志、实践的统一，而其核心乃是"人生的意义"；由此又突显出中国哲学主体思维的终极指归——"心灵境界"问题。于是开辟了：

（二）"心灵境界"阶段。其研究成果的最终体现，便是这部《心灵超越与境界》。作者对"心灵境界"的探索，最终揭示了中国哲学"主体思维"的终极关怀之所在（心灵境界）及心灵特征之所在（情感意向）。于是开辟了：

（三）"情感哲学"阶段。这是作者止在进行的一项最富独创性、开拓性的工作。

我们发现，作者的上下求索确有一条很明显的轨迹在，就是"向心灵问题的探索不断逼近，以揭示中国哲学的深层意蕴"①。作者的论题似在不断地缩小、集中、深入，而其对于整个中国哲学传统的解释力量却在不断地扩展、加大、增强，正应了老子所说"为道日损，损之又损，以至于无，无为而无不为"。由本书所集中阐释的"心灵境界"，既是作者在思想的深度和高度方面"自我超越"的一大枢纽，也是"贯通"地理解中国哲学神髓的一大关键。

以作者所揭示的"心灵境界"为尺度来判说20世纪的中国哲学研究，这实际上也是一种特定意义的总结。而这正是该书的一项重要内容。作者谈到本世纪中国哲学研究中的种种问题，归根结底一言以蔽之，那就是

---

① 蒙培元：《心灵超越与境界》，人民出版社1998年12月版，第447页。

"以西律中"的问题。这确实是本世纪中国哲学研究中存在的最大问题。即便人们是在进行中西比较，并自以为是要揭示中国哲学的特质，但说到底，潜意识当中仍然是以西方哲学的思维模式为尺度的。像胡适那样的科学主义西化派自不消说，即以现代新儒家当中成就最高的牟宗三先生来说，他关于中国哲学的"道德形上学"阐释，所谓"消化康德"，仍然是西方的认知主义或理性主义的思路；至于马克思主义的哲学史家，也都在反思自己过去对中国传统哲学所进行的简单化概念化的解说方式。而作者对中国哲学"主体思维"尤其"心灵境界"的阐明，正有助于克服本世纪中国哲学研究中的这一最大遮蔽。

当然，诚如作者所说，中国哲学的心灵境界问题不是作者的发现；然而作者在这个问题上却是超越了前人的，这主要体现在：1. 确证中国哲学实乃一种"心灵哲学"，心灵与境界问题实为中国哲学的神髓或精神所在。2. 指明心灵的最大功能在于创造一种不同于西方"上帝"式的"圣人境界"；境界之不同于认知，尤在于它包含情感因素，包括道德情感、审美情感、宗教情感等。3. 尤其是，作者突破了前人用西方理知主义来诠释中国哲学心灵境界的思维模式，而是用一种中国式的可称之为"情志"的体悟方法来"以物观物"，"以中说中"。这是这部著作最大的独创性之所在，给人一种醍醐灌顶之感。

作者横向比较了中西心灵哲学、中国儒道释的心灵哲学之异同，纵向比较了诸子、玄学、理学、当代新儒家的心灵哲学之异同，从儒家"乐的境界说"，到道家"道的境界说"，从孔子"仁的境界说"、思孟"诚的境界说"，到冯友兰"天地境界说"、牟宗三道德形上学的"心灵境界"，辨其毫厘，求其会通，最终突显了中国哲学追求心灵境界超越的特点，从而完成了作者自己的哲学研究、同时也是整个中国哲学研究领域的一次重要"超越"。

"超越性"问题乃是近年哲学研究的一大前沿课题。作者以其中国哲学特有的方式，回答了关于中国哲学独特的超越性问题。作者指出，儒道释心灵哲学的共认，超越是心灵的自我超越、是心灵固有的创造功能，它是存在性的，却是内在性的（"心就是人的'存在'。"①），而非对象性的、外在性的；超越的结果就是建立一个崇高的精神世界、"精神境界"，而非彼岸、"上帝之城"；心灵超越的根本方法是体验与直觉，而非理性思辩或逻辑推理。应该说，这些确实是中国哲学之"超越性"的基本特质。

但作者并没有停留于此。由"心灵境界"进一步追索，作者揭发了中国哲学的"情感"特性。这是这部著作最大的开拓之处，它不仅是对作者自己哲学研究走向的新开辟，也是对整个中国哲学研究领域的新开展。关于中国心性哲学的特质，过去已有种种说法，诸如"实用理性"、"人文理性"等。作者提出：中国哲学也重视"知"，也是"智慧"之学，但它并没有把知和情截然分开，形成主客对立的哲学系统和理论理性的系统哲学；而是把人的情感需要、情感态度、情感评价以及情感内容和形式，放在特别重要的地位，并以此为契机，探讨人的智慧问题和精神生活问题。"如果要讲中国哲学的特殊性，我认为这是它的最重要的特殊性。"② 这确实是发前人所未发的独具慧眼的发现。

作者阐明了这一论断之所以然，论述了情感与境界、情感与价值、情感与理性种种关系，说明了中国情感哲学的现代意义。其中情感与境界的关系问题，是从"心灵境界"探索进入"情感哲学"探索的枢机。作者指出，中国情感哲学关注的不是情绪反应之类的低级心理状态，而是美学的、伦理的、宗教的高级情感；不是感性的某种快乐或享受，而是理性化乃至超理性的精神情操和精神境界。因此情感问题是个境界问题，境界问题也是情感问题。

除了说明情感本身的性质、情感与"美"的关系，作者还着重说明

---

① 蒙培元：《心灵超越与境界》，第51页。
② 蒙培元：《心灵超越与境界》，第18页。

了情感与"善"（心灵的意向方面）、情感与"真"（心灵的认知方面）的关系。作者指出，情与心一样，是可以"上下其说"的，往上说，情感与道德理性相联系，因此，它是与"善"统一的；情感作为人的存在的基本要素，其中本身固有普遍性的理性原则，因此，它是与"真"统一的。由此挑明了中国哲学"情性合一""情理合一"的原则。

作者对中国哲学情感特质的发掘，确实是一种前所未有的开拓。为此，我们盼望早日读到蒙先生正在撰著中的《情感哲学》，并相信，它一定是在这部《心灵超越与境界》基础上的又一次重大超越。

最后，谈谈蒙先生对现代新儒家的超越。这种超越是多方面的，我感觉主要有两条：一是对新儒家"理知"思维方式的突破。这一点，上文已论及。二是对新儒家"道统"观念的批评。现代新儒家是恪守宋学、尤其心学传统的；而作者却不是那种偏狭的文化保守主义者，而是始终强调应该保持"心灵的开放"。这种开放不仅面向宋明儒以外的整个儒家哲学，而且面向以儒、道、释为主轴的整个中国哲学；不仅面向东方，而且面向西方；不仅面向整个传统，而且面向现代及后现代。例如关于程朱、陆王之争，蒙先生就并不拘泥，而是既见其别，又见其通；又如蒙先生本人作为冯友兰先生的传人，就并不固执"家法"，也决不排拒牟宗三一系现代新儒家的成果。正因为保持了这种心灵的开放，作者才能够不断地超越前行。

儒学的生存论视域

——从蒙培元先生《情感与理性》说起*

【提要】本文以评论蒙培元新著《情感与理性》的形式，通过对儒学与海德格尔思想的比较，意在揭示儒学当代阐释的一个崭新视域。文章提出，传统的本体论、认识论的视域，不论采取经验论的还是先验论的进路，都难以克服儒学阐释中的理论困境。唯一的出路在于一种新的视域：儒学的生存论视域。

在儒家思想中，情感是一个最基本的问题；然而正是在情感问题上，我们对儒学的认识还相当模糊。人们通常认定，"仁"是儒家思想中的本体性的东西。然而按照通常理解，一方面，在儒家思想中，仁作为"爱"、作为"恻隐之心"，是一种情感——或以为心理情感，或以为道德情感；但另一方面，同样在儒家思想中，情却并不是本体性的未发之体，而只是已发之用，即本体性的性的发用。性体情用，这是儒家通常的观念。于是，这里就出现了一个严重的矛盾：仁如果是情，就不能是体；而

　＊　本文作于 2003 年夏；原载《中华文化论坛》2004 年第 2 期，第 142－147 页；收入《情与理："情感儒学"与"新理学"研究——蒙培元先生 70 寿辰学术研讨集》，黄玉顺等主编，中央文献出版社 2008 年版；收入作者文集《面向生活本身的儒学——黄玉顺"生活儒学"自选集》，四川大学出版社 2006 年 9 月版，第 294－309 页。

如果是体，就不能是情。

然而著名哲学史家蒙培元先生在其新著《情感与理性》中却明确提出：一方面，"仁在本质上是情感的"；而另一方面，"情感是全部儒学理论的基本构成部分，甚至是儒学理论的出发点"；"儒家不仅将情感视为生命中最重要的问题，两千年来讨论不止，而且提到很高的层次，成为整个儒学的核心内容"。① 这确实是一种前所未闻、独树一帜的观点。但是，这个新颖的观点似乎同样面临着如上所说的严峻挑战：在儒家思想中，情仅仅作为体之用，如何可能成为全部儒学的"出发点"，即如何可能充当终极奠基性的东西？所谓出发点，就是这样一种终极奠基性：② 它为一切存在者奠定基础，一切存在者都被奠基于它。在蒙先生看来，情感——更确切地说，仁、亦即爱这种情感——就是这样的终极奠基性的东西。

显然，蒙先生的新著提出了一个极富挑战性的重大问题：仁爱这种情感在儒学建构中究竟占有怎样的地位？

一

那么，蒙先生是如何处理这个重大的疑难问题的？在回答这个问题之前，我想先行指出的是：在传统的哲学观念下，这是一个无法解决的问题。这里所谓传统哲学观念，最典型的就是所谓本体论和知识论。这种传统观念是在西学东渐的作用下形成的，它不外乎西方近代以来的三种致思进路：

一是经验论的进路。格物致知、修身成圣的过程，似乎只是一个经验

---

① 蒙培元：《情感与理性》，中国社会科学出版社 2002 年版，自序。

② 奠基（Fundierung）是现象学的一个重要概念，是指对存在建构中的基础或者"起源"的揭示。胡塞尔有一个经典定义："如果一个 α 本身本质规律性地只能在一个与 μ 相联结的广泛统一之中存在，那么我们就要说：一个 α 本身需要由一个 μ 来奠基。"海德格尔的生存论分析就是一种终极奠基性的揭示。（胡塞尔：《逻辑研究》第二卷，倪梁康译，上海译文出版社 1998 年版，第 285 页。）

地实践的过程，而与某种先验的内在根据无关。这种进路在一定程度上也是符合儒家思想的，但这种符合却是建立在某种误读的基础之上的。譬如人们在谈到荀子的思想时，通常以为他是经验主义的，即是说，人们往往忽视了荀子思想的某种先验论维度。其实，荀子提出"明于天人之分"，主张"制天命而用之"，已然预设了主客二元的对置关系作为前提；更进一步以先验性的"能知"与经验性的"所知"的架构，强化了这种二元对置；最后归结为"天君"对"天官"的宰制，而这就与儒家先验的心学进路达到了某种沟通。这就表明，荀子思想是具有明显的先验知识论色彩的。又如有些学者以为，朱子的"格物穷理"也是经验主义的，即是说，他们完全忘记了朱子对思孟心学的自我认同。不仅如此，问题是：其一，对儒学的这种经验论理解势必使儒学面临这样的困境：内在的主体意识如何能达于外在的客观实在？这正是西方经验论哲学所面临的无法解决的"认识论困境"。其二，对儒学的这种经验论理解完全彻底地消解了儒家"人皆可以为尧舜"（孟子语）、"途之人可以为禹"（荀子语）的任何可能性的先验内在根据，从而使得儒家修身成圣的诉求落空，成为某种"无根"的妄执。

二是先验论的进路。这种进路似乎更切合于儒家思想，尤其是切合于作为儒学正宗的心学的思想。人们往往认为，从子思、孟子到陆九渊、王阳明的心学思想是先验论的，因为他们在本体论上预设了先验的纯粹至善的心性本体，在工夫论上强调先立乎其本心，所谓修身成圣，就是返本复性而已。但人们没有意识到，这样的理解同样使得儒家思想陷入一种无法解脱的困境，这同样是一种类似西方哲学的认识论困境的、我称之为"伦理学困境"的处境。这是因为，按彻底的先验论的致思进路，我们必然陷入这样的两难境地：一方面，假如外在的物其实只是内在的心的意义建构，即外在的物实质上原本是先验地内在的，且按儒家心学的设定，心本来是至善的，那么，物的恶如何可能？但另一方面，假如物并不是这种先验地内在的东西，而本来是客观地外在的，那么，内在的心如何可能"穷格"外在的物？我们如何可能穿透心、物之间的鸿沟，而去实在地"格物"？这就是采取西方近代哲学传统的进路所必然面临的困境：内在意识如何可能穿透感知的屏障而抵达外物？如果不可能，那么，内在的心性修养怎么可能影响到、作用于外在的现实？可见，对儒学的这种先验论的理解最终将使儒学成为一种对于现实问题无关痛痒的玩意。

三则是二元论的进路。西方近代从笛卡儿到康德的哲学，就是这样的二元论进路。笛卡儿的心、物二元论与他的"我思故我在"显然处于一种自相矛盾的境遇；而康德的二元论则又使他两面受敌，亦即同时既面临经验论的困境，也面临先验论的困境。而对于我们来说，对儒学作一种二元论的理解，也使我们同时既面临经验论的困窘，也面临先验论的困窘：假如我们经验地设定外在超越物（Transcendence）的存在，我们就面临认识论困境或者伦理学困境；假如我们先验地悬搁（epoché）外在超越物，我们就堕入对于现实问题的麻木不仁。

这三种致思进路的共同点在于，它们都是在划分本体论和认识论的同时，以作为知识论的根本前设的主客对置这种根本的二元架构作为本体论问题的底层视域。在这个意义上，我们过去所理解的中国哲学的"体"与"用"的观念正是这样的传统观念。在这样的观念下，我们所面对的"仁爱情感在儒家思想中究竟占有怎样的地位"这个问题是无法解决的，因为，显而易见：假如情感是先验性的本体，我们就会面临上述先验论进路的困难；假如情感是经验性的工夫，我们又会面临上述经验论进路的困难。

显然，儒学的当代阐释必须另寻出路。我们注意到，蒙先生正是在试图超越那种传统的哲学观念而另辟蹊径。蒙先生这样一段话，值得我们特别地加以留意：

本书不再从所谓本体论、认识论和知识学的角度研究儒学，而是从存在问题入手，讨论儒学在人的存在、价值及其人生体验问题上的基本主张。①

"存在"、尤其是"人的存在",这些话立即使我们想到一个人,那就是海德格尔(Martin Heidegger)。众所周知,海德格尔判定传统"哲学的终结"②,转而追问"存在"(Sein),也正是从"人"即"此在"(Dasein)的"存在"、亦即"生存"入手的。海德格尔之解构传统本体论,正是奠基于生存论分析的。于是,我们可以想到这样一个问题:蒙先生是否也像海德格尔那样,是采取了一种"此在现象学"的生存论视域?

二

确实,我们可以看出,在蒙先生的儒学解释和海德格尔的生存论解释之间,存在着许多至少在形式上类似的东西:生命存在/存在(Sein)、人的存在/此在(Dasein)、仁爱的情感/烦(操心 Sorge)的情绪、真情/本真(eigentlich)、敬畏/畏(害怕 Angst)、良心/良知(Gewissen)……如此等等,似乎存在着广泛的对应关系。但是下文的分析将会表明,这些形式上的"对应"实质上却是迥然不同的;而且,蒙先生的整个儒学解释和海德格尔的生存论解释在本质上也是根本不同的。这是因为:儒家的生存论与海德格尔的生存论原本是大异其趣的。

海德格尔在前期代表作《存在与时间》里首先进行了生存论分析(第一篇,第一章至第六章),然后进行了良知论分析(第二篇,第二章)。③良知问题正是儒家思想、也是蒙先生的新著所关注的一个焦点。

① 蒙培元:《情感与理性》,自序。
② 海德格尔:《哲学的终结和思的任务》,收入《面向思的事情》,陈小文、孙周兴译,商务印书馆 1999 年版。
③ 这里仅仅涉及海德格尔的前期思想,以其《存在与时间》为代表。海德格尔:《存在与时间》,陈嘉映、王庆节译,三联书店 1999 年版。

应当说，海德格尔的良知论分析是相当精彩的；但是在他那里，良知论分析与生存论分析之间却又存在着严重的断裂。为什么这样说？这涉及海德格尔研究当中的一个重大的疑难问题。众所周知，海德格尔一生的为人行事方面存在着严重的问题：他与纳粹的关系、他在战后对此的闪烁暧昧，他对自己的恩师胡塞尔、好友雅斯贝尔斯、弟子以及情人汉娜·阿伦特的态度……这些都一直在"海学"研究界激起持久的争议。尽管有人为之作出种种辩护，但是无论如何，海德格尔的上述行为存在着严重的道德品质问题；即便不能贸然斥之为"恶"，但至少指之为"不善"，应该是没有问题的。于是人们就不得不思考：在海德格尔的所为与其所思之间，是否存在着某种必然的关联？如果我们毕竟承认，善是一种应然的价值选择，那么，海德格尔思想是否存在着某种严重的道德缺陷？对此，有人认为海氏之所为与其所思之间是毫无联系的，另有人则认为应该存在着某种联系，但是迄今为止，双方都未作出令人信服的分析。然而在我看来，儒学的到场将能使这个问题明朗化，因为，下文将会表明，在儒家思想中，良知论乃是由生存论而必然导出的，这就将使海德格尔的生存论分析的缺陷、即它与良知论分析之间的断裂暴露出来。这也将表明，蒙先生的儒学解释尽管确实带有生存论分析的色彩，但它毕竟不是海德格尔式的，而是儒家的生存论阐释。

海德格尔的生存论分析与良知论分析之间的断裂是如何发生的呢？让我们来清理一下海德格尔的运思进路：

什么是良知？良知是一种呼声：首先，良知是此在对此在自身的召唤。"此在在良知中呼唤自己本身"，这里，"此在既是呼唤者又是被召唤者"。① 其次，良知把此在从其"所是""实是"（被抛境况、沉沦）唤起，而转向"能是""能在"。这是因为，"此在作为被抛的此在被抛入生存。它作为这样一种存在者生存着：这种存在者不得不如它所是的和所能

---

① 海德格尔：《存在与时间》，第315页。

是的那样存在"; "呼唤者是此在，是在被抛境况（已经在……之中）为其能在而畏的此在。被召唤者是同一个此在，是向其最本己的能在（领先于自己）被唤起的此在。而由于从沉沦于常人（已经寓于所操劳的世界）的状态被召唤出来，此在被唤起了"。① 因此， "呼声出于我而又逾越我"②。最后，此在在良知呼唤中从 "所是" 向 "能在" 的转化枢纽，乃是 "烦"（操心 Sorge）"畏"（害怕 Angst）这样的基本情绪。"良知公开自身为操心的呼声：……良知的呼声，即良知本身，在存在论上之所以可能，就在于此在在其存在的根基处是操心"；"呼唤者是……在被抛境况为其能在而畏的此在"， "呼声的情绪来自畏"。③

这些分析确实是很精湛的，但我们的疑虑也由此而起：

其一，良知的呼声究竟来自何处？按照海德格尔的说法，它来自此在这个存在者自身："在其无家可归的根基处现身的此在就是良知呼声的呼唤者"；或者更确切地说，"在根基上和本质上，良知向来是我的良知"。④这种解释很好地排除了诸如上帝之类的东西，排除了任何把良知理解为某种 "闯入此在的异己力量" 的可能⑤；但这种解释也面临着这样的问题：这如何能够避免唯我论呢？如何能够保证良知的普遍性呢？如果良知没有普遍性，又如何能够避免这种情况：任何一个 "我" 都可以宣称他自己的想法就是良知？诚然，海德格尔不仅批评了那种外在超越的解释，而且同时批评了那种 "生物学上的" 解释亦即个体经验的解释⑥；但我们必须指出的是，唯我论的解释未必就是生物学的解释。而海德格尔到底并没有正面批判那种可能的非生物学的唯我论。这也不奇怪，在我看来，他的良知论实质上是唯我论的。这是因为在他看来，"呼声来自我向来自身所是

---

①　海德格尔：《存在与时间》，第316、318页。
②　海德格尔：《存在与时间》，第315页。
③　海德格尔：《存在与时间》，第318页。
④　海德格尔：《存在与时间》，第317、319页。
⑤　海德格尔：《存在与时间》，第315页。
⑥　海德格尔：《存在与时间》，第316页。

的那一存在者"①；换句话说，作为单个存在者的"我"就是良知的来源，这个我的"所是"就是良知的生存论根基。但是，任何一个"我"，作为单个的存在者，仅仅凭他的特殊的此在性，绝对无法保证普遍性的良知。以特殊的此在性作为良知的根基，其结果只能是唯我独尊。

其二，于是我们要问：这样一种所谓"良知的呼声"究竟传达着怎样的内容？海德格尔说："呼声不报道任何事件。"② 换句话说，这种所谓"良知"没有任何道德内容，而仅仅是一种"道德中值"（Adiaphora）。这是不难理解的，因为它显然是上面的分析所必然导致的结论。然而这样的所谓"良知"，就被描述为了类似王阳明所说的"有善有恶意之动"③ 那样的东西了：单个的存在者对其"能是"这种可能性的倾向，只不过是他意欲摆脱自己的被抛弃境况"所是"的冲动而已。这种欲望显然是中性的，即可善可恶的，从而只是一个空洞的形式。但这恰恰不是良知，所以，王阳明才会接着说："知善知恶是良知。"④ 这就是说，那个"有善有恶意之动"并不是良知。当然，我们也可以说，海德格尔所谓"良知"还是有它的内容的，这个内容就是"能在"。良知能够使人摆脱此在的被抛境况，而"能"去"是"另外的什么东西。这种分析当然也算是积极的，但却仍然是纯粹形式的，即是没有任何实质内容的，当然也是没有任何道德内容的。但问题是：良知难道只是一种没有任何伦理价值的实质内容的纯粹形式吗？

其三，况且，即便承认海德格尔的良知是有道德内容的，我们还可以问：良知的呼声究竟是必然发出的，或只是偶然发出的？在这个问题上，海德格尔的说法存在着矛盾，这是下文将要涉及的一个问题；这里我们试问：良知的发生若是偶然的，那么此在的生存如何能够保证这种呼唤不是

---

① 海德格尔：《存在与时间》，第 319 页。
② 海德格尔：《存在与时间》，第 317 页。
③ 王阳明：《传习录下》，见《王阳明全集》，上海古籍出版社 1992 年版。
④ 王阳明：《传习录下》。

"坏"良知而是"好"良知？① 若是必然的，那么此在的生存毕竟又是如何提供这种保证的？上文已经指出，偶然发生的"良知"是可善可恶的，它因而就不再是良知。但是，此在的生存论分析如何能够保证良知的必然性？这就涉及下面这个问题了：

前面已经提到，在海德格尔的分析中，从生存论到良知论的转枢是情感，更确切地说，是一种情绪。这种情绪，海德格尔称作 Befindlichkeit。② 这种情绪是奠基于生存的：此在首先作为被抛的所是，而沉沦于烦（操心 Sorge）中，包括对物的烦神（Besorge）、对人的烦心（Fuersorge）；但是从时间性来看，被抛的所是作为历史性的此在，如果没有对其本真的能在的领悟，"没有时间"，就什么也不是。那么，此在如何才能领悟本真能在？这需要另一种情绪，那就是畏（害怕 Angst）。

"畏"不是任何具体的"怕"，它不以任何存在者作为对象；对畏来说，"威胁者乃在无何有之乡"；"畏'不知'其所畏者是什么。但'无何有之乡'并不意味着无，而是在其中有着一般的场所，有着世界为本质上具有空间性的'在之中'而展开了的一般状态"，因而"畏之所畏就是世界本身"。③ 这样一来，"畏所为而畏者，就是在世本身。在畏中，周围世界上手的东西，一般世内存在者，都沉陷了。'世界'已不能呈现任何东西，他人的共同此在也不能。所以，畏剥夺了此在沉沦着从'世界'以及从公众讲法方面来领会自身的可能性。畏把此在抛回此在所为而畏者处

---

① 海德格尔：《存在与时间》，第 319 页。西语"良知"（［希］ςισηδιενυσ/［拉］conscientia）本来并没有任何伦理学的价值色彩，而只是一个中性词，意为关于自身的知识；它虽是对自身的实践活动、包括伦理活动的意识，但这种意识本身是可善可恶的。故有"好良知""坏良知"之说。参见倪梁康：《良知：在自知与共知之间》，刘东主编《中国学术》第一辑，商务印书馆 2000 年版。

② 海德格尔：《存在与时间》，第 156 页，汉译者注："Befindlichkeit 来自动词 befinden。Befinden 一般有情绪感受、存在和认识三个方面的含义。这里，我们将它译为'现身情态'或'现身'，力求表明其'此情此景的切身感受状态'以及这种状态'现出自身'的含义。"

③ 海德格尔：《存在与时间》，第 215、216 页。

去，即抛回此在的本真的能在世那儿去。畏使此在个别化为其最本己的在世的存在。这种最本己的在世的存在领会着自身，从本质上向各种可能性筹划自身。"① 这是一番多么环环相扣的分析！

但是我们对此的疑问也是"环环相扣"的：假如"在世"乃是"此在的基本建构"（第一篇第二章），也就是说，此在总已在世；并且"在世总已沉沦"，亦即"沉沦是此在本身的生存论规定"②；而"沉沦之背离倒是起因于畏"③，即，有沉沦则必有畏；那么，对于任何一个人或此在来说，这种"莫名其妙"的畏是必然的。但是海德格尔分明告诉我们，畏只是"此在存在的可能性之一"，只是"诸种最广泛最源始的可能性中"的一种④，那就是说，畏并不是必然的。假如畏并不是必然的，那么，此在之被抛回自己的本真能在也并不是必然的了，良知的呼唤也就不是必然的了。结果我们看到：在此在的所是和能在之间，仍然存在着断裂；而且，这种断裂已必然地蕴涵着生存论分析与良知论分析之间的断裂。这种断裂或许能够提供海德格尔之所为与所思之间关联的某种线索？而这样的断裂，在儒学的致思中、在蒙先生的儒学解释中是并不存在的。

三

尽管如此，我们仍然可以肯定地说：蒙先生的儒学解释确实具有浓厚的生存论分析意味，虽然它与海德格尔的生存论分析颇为不同；而在儒家，生存论是真正能够为良知论奠基的。今日的儒学研究正在开始透露着这样一种消息：对于儒学的"重建"或者"现代转换"来说，生存论解释学是一种新的极富前景的致思方向。海德格尔告诉我们，西方的本体论

---

① 海德格尔：《存在与时间》，第 217 页。
② 海德格尔：《存在与时间》，第 210、204 页。
③ 海德格尔：《存在与时间》，第 215 页。
④ 海德格尔：《存在与时间》，第 211 页。

和认识论的维度，以及前面谈到的经验论和先验论的思路，都是源始地奠基于生存论分析的①；而我们的问题则是：这种生存论的致思进路是如何在儒家那里体现出来的？在儒学的生存论解释学中，仁爱情感究竟占有着怎样的地位？这显然远不是我们这篇短短的文章所能加以充分揭示的，但我们可以粗略地勾画出它的一个轮廓来。

在谈到儒、道两家的基本区别时，人们常说：儒家主张"入世"，道家主张"出世"。儒家之所以主张入世，是因为儒家认为出世是不可能的②；出世之不可能，是因为人总是"在世"的；人即便是对他自身的超越，也是在世的超越。于是，我们就面临着对儒家所谓"人生在世"与海德格尔所谓"在世"（In-der-Welt-sein，在世界中存在）加以比较分析的课题：

海德格尔的全部意图在于追问"一般存在的意义"；但在他看来，我们只能"通过对某种存在者即此在特加阐释这样一条途径突入存在概念。因为我们在此在中将能赢获领会存在和可能解释存在的视野"③。所谓此在（Dasein）就是人这种特殊的存在者；追问存在的意义只能通过追问此在的存在才是可能的。此在的存在也就是生存（Existenz），"此在的'本质'在于它的生存"④。这一开始就与儒家的意图有所不同：儒学并不关心所谓一般的"存在的意义"，而只关心"生存的意义"。海德格尔所说的一般存在的"超越"意义，在儒者看来是没有意义的。海德格尔在两种意义上谈到超越：一是存在之为存在的超越意义，一是此在从被抛的所是向本真能在的超越。儒家关心的乃是后者：这样的超越如何可能？人如何能从被抛的所是向本真的能在超越？或者用儒家的话来说：常人从小人

---

① 海德格尔：《康德与形而上学问题》，邓晓芒译，孙周兴编《海德格尔选集》上卷，上海：三联书店 1996 年版。

② 至于道家之所谓"出世"究竟何所谓、出世究竟如何由"避世""忘世"而可能，则是必须另文讨论的问题。

③ 海德格尔：《存在与时间》，第 46 页。

④ 海德格尔：《存在与时间》，第 49 页。

变为君子乃至圣人是如何可能的？

　　但儒家确实也是从人的生存论视域切入的。儒家的首要的甚至唯一的关切是人的存在本身、即人的生存。蒙先生书中所说的"存在"即指人的存在、亦即生存，因为在他看来，儒家"将人视为一种特殊的生命'存在'"①。孔子所谓"未知生，焉知死"、"未能事人，焉能事鬼"② 就是这种生存关怀的典型表达。但这并不是说儒家毫不关心人之外的存在者，儒家"仁民爱物"（孟子）、"民胞物与"（张载）的主张就是关爱及物的表现；但在儒家看来，物这种存在者的存在，本质上还是人的存在；或者说，物的存在只有在被理解为人的存在时才是有意义的。周敦颐之所以"窗前草不除"就因为其"与自家意思一般"，就是这个意思。所以，儒家不把对人生意义的关切仅仅理解为追问一般存在意义的一种途径而已，因为那样一来，人自己的生存反被工具化了；但在海德格尔看来，"此在的存在建构的提出仍只是一条道路，目标是解答一般存在问题"③。但是，就对人的生存的关注而言，海德格尔与儒家却是一致的。因此，关键的工作就在于对此在即人的存在作生存论分析。

　　这是作为"此在的基本建构"的"在世"（第二章）决定了的。海德格尔将其视为"首要的存在实情"④，而把它作为自己全部的生存论分析的"基础分析"（第一篇）：它领先于全部的本体论、认识论之类形而上学课题，而为它们奠基。蒙先生指出，儒家是"将人视为一种特殊的生命'存在'，并且在心灵超越中实现一种境界"⑤。而海德格尔也正是经由"生命存在"而达到生存论视野的。他在《评卡尔·雅斯贝尔斯〈世界观的心理学〉》（1921）中写道："说到底，当代哲学的问题主要集中在作为

---

① 蒙培元：《情感与理性》，第 2 页。
② 《论语·先进》。《论语》：《十三经注疏》本，中华书局 1980 年影印版。
③ 海德格尔：《存在与时间》，第 492 页。
④ 海德格尔：《存在与时间》，第 62 页。
⑤ 蒙培元：《情感与理性》，第 2 页。

'原始现象'（Urphaenomen）的'生命'上"；正由于此，他所"要讨论的真正对象被确定为生存"。① 由于这种在世结构"源始地始终地"就是"向来在先"的"先天结构"，我们必须始终把这个结构"整体保持在眼界之中"。② 但是，"此在整体性的生存论存在论建构根据于时间性。因此，必定是绽出的时间性本身的一种源始到时方式使对一般存在的绽出的筹划成为可能"③。所以，时间性才是生存论分析的根本的源始视域。而说到时间性，儒家的"义"即"时义"或者"时宜"的观念就是一个非常值得注意的课题，此不赘述。

就人的生存的时间性来看，海德格尔认为，此在的存在包含两个基本的方面：一是沉沦的方面，即其被抛的"所是"；二是超越的方面，即其本真的"能在"。就超越方面看，海德格尔所提出的最积极的思想之一就是：人"这种存在者的'本质'在于它去存在（Zu-sein）"；换句话说，"此在是什么，依赖于它怎样去是［它自己］，依赖于它将是什么"。④ 他说："这一存在者在其存在中对自己的存在有所作为"；"对这种存在者来说，关键全在于［怎样去］存在"。⑤ 这样的超越或许才是儒家真正的"内在超越"？因为，在这里，人之自我超越仍然是在世的；这种超越的意义，正如蒙先生所一再强调的，乃是"心灵境界"的自我提升，所达到的是一种"超越的境界"。

在这个意义上，海德格尔的在世观念与儒家的入世观念确实是相通的。海德格尔在对"在之中"的分析中（第一篇第五章），讨论了"现身情态"（Befindlichkeit）："我们在存在论上用现身情态这个名称所指的东

---

① 海德格尔：《评卡尔·雅斯贝尔斯〈世界观的心理学〉》，见《路标》，孙周兴译，商务印书馆 2000 年版，第 18 页。
② 海德格尔：《存在与时间》，第 48 页。
③ 海德格尔：《存在与时间》，第 494 页。
④ 海德格尔：《存在与时间》，第 49 页。
⑤ 海德格尔：《存在与时间》，第 49 页。

西，在存在者层次上乃是最熟知和最日常的东西：情绪；有情绪。"① 但是问题在于，这是一种怎样的情绪？海德格尔特别突出地分析了烦、畏（第一篇第六章）、尤其畏死（第二篇第一章）的情绪，由此导向能在、导向良知。但是正如前文已经指出的，这样的导出存在着很大的问题，存在着某种断裂。而在儒家，儒者的生存领悟不是烦、畏，而是仁、爱。这是儒家与海德格尔之间的一个根本性分歧。根据儒家思想，并不是那来自"无何有之乡"的"畏"②、而是"我欲仁"③，导向了本真的能在、本心的确立。所以，对于儒学来说，问题在于：在从被抛的所是向本真能在的超越中，"我欲仁"是如何必然地显现的？

海德格尔"直追究到那些同在世一样源始的此在结构上面。这些结构就是：共同存在（Mitsein）与共同此在（Mit-das-Sein）。日常的自己存在的样式就奠基在这种存在方式之中"④。他解释说："此在的世界是共同世界。'在之中'就是与他人共同存在。他人的在世界之内的自在存在就是共同此在。"⑤ 这种"日常的自己存在的样式"就是"可称为日常生活的'主体'的东西：常人（Das Man）"。这种常人，儒家称为"小人"，就是沉沦于世的庸人。问题在于，这种"常人"向本真能在超越时的"恻隐之心"是如何被奠基的？或者说，如何"求其放心"？即："本心"是如何显现出来的？这里，"共同在世与共同此在"起着怎样的作用？

前面分析良知问题的时候，我们已然指出，海德格尔的思路并不能保证这一点。但是，本来，即使按照海德格尔的某种说法，仁爱之心也是可能必然地显现出来的。这是因为，"他人的共同此在的展开属于共在"；而"此在作为共在在本质上是为他人之故而'存在'。这一点必须作为生

---

① 海德格尔：《存在与时间》，第 156 页。
② 海德格尔：《存在与时间》，第 215 页。
③ 《论语·述而》。
④ 海德格尔：《存在与时间》，第 132 页。
⑤ 海德格尔：《存在与时间》，第 138 页。

存论的本质命题来领会"。① 因为，在共在中的烦或操心（Sorge）分为两种：一种是对于物的 Besorge；一种是对于人的 Fuersorge。后者可以译为"牵挂"②，它又"有两种极端的可能性"：一种是"代庖（einspringen）控制"，在这种情况下，"他人可能变成依附者或被控制者"；另一种可能性是"率先（vorspringen）解放"，这是"为他人的能在做出表率；不是要从他人那里揽过'操心'来，倒恰要把'操心'真正作为操心给回他。这种操持本质上涉及本真的操心，也就是说，涉及他人的生存，而不是涉及他人所操劳的'什么'。这种操持有助于他人在他的操心中把自身看透并使他自己为操心而自由"。③ 这种牵挂作为"本真的操心"，就是儒家所说的"戒慎恐惧"；仁爱之心、良知就奠基于这种戒慎恐惧之中。这是因为：从正面讲，这样的牵挂"是由顾视与顾惜来指引的"；从反面讲，这种"顾视与顾惜各自都有一系列残缺和淡漠的样式，直至不管不顾与由淡漠所引导的熟视无睹"。④ 这种正面的顾视和顾惜就是儒家所说的"仁者爱人"，而那反面的不管不顾和熟视无睹则是儒家所说的"麻木不仁"。

　　行文至此，我们似乎可以得出一个结论了：仁爱情感确实是奠基性的，但并非终极奠基性的。说它是奠基性的，因为在"仁—义—礼—智"这样的建构中，仁无疑是基础的东西；而说它是非终极奠基性的，因为仁爱作为情感又是以在世的生存为基础的。

　　最后应该说，海德格尔的那些分析确实是非常精彩的；但我们同时必须始终保持清醒的是，众所周知，他那些分析完全是没有任何道德内涵的，并不能指向任何伦理学建构。而儒家所关心的却是：生存论分析如何导向伦理学建构？问题的答案或许就隐藏在某种生存论视域中。——这可能是蒙先生的新著所给予我们的最大启示。

---

① 海德格尔：《存在与时间》，第 143 页。
② 中译本《存在与时间》译为"操持"。
③ 海德格尔：《存在与时间》，第 142 页。
④ 海德格尔：《存在与时间》，第 142 页。

存在·情感·境界

——对蒙培元思想的解读*

【提要】 蒙培元思想被概括为"情感儒学",具有继往开来的意义。如果说,熊十力—牟宗三一系可称为"心性派",那么,冯友兰—蒙培元一系就可称为"情理派"。后者的关键词是"存在·情感·境界",情感是其枢纽所在。这意味着当代思想的"存在论转向"在当前儒学复兴运动中体现为"生活情感论转向"。

在 20 世纪 80 年代以来的儒学研究中,尤其是在新世纪的儒学复兴运动中,蒙培元先生对中国哲学传统的诠释,及其在这种诠释中鲜明地呈现出来的独立原创的哲学思想,独树一帜,引人瞩目。蒙先生将中国哲学、尤其是儒家哲学概括为"情感哲学"①,人们将蒙先生的思想概括为"情

---

* 本文原载《泉州师范学院学报》2008 年第 1 期,第 10-13 页;收入作者文集《儒家思想与当代生活——"生活儒学"论集》,光明日报出版社 2009 年 9 月版,第 165-172 页。此文为《情与理:"情感儒学"与"新理学"研究——蒙培元先生 70 寿辰学术研讨集》序言,中央文献出版社 2008 年 2 月版。

① 蒙培元:《情感与理性》,中国社会科学出版社 2002 年版,第 310 页。

感儒学"①。当然，情感儒学其实只是蒙先生思想中最基本、最核心的部分；以情感儒学为统率而展开与落实，蒙先生的思想学术可以大致划分为这样几个主要方面：情感哲学、心灵哲学、生态哲学，以及关于"中国哲学"与"中国哲学史"的学术思想。这是一个有机统一的思想整体，而在这个博大精深的思想系统中，贯串着这样几个关键词：存在·情感·境界。实际上，这三个关键词乃是我们理解与把握从冯友兰到蒙培元这一系的思想学术发展的一条关键线索。当然，在现当代新儒学中，从熊十力到牟宗三这一系的儒者也在谈存在与境界。唯其如此，冯蒙一系与熊牟一系之区别的关键所在便是情感，也就是说，在"存在·情感·境界"中，情感是其管枢所在；唯有透过情感的观念，我们才能够看出冯蒙一系所谈的存在观念与境界观念的独特之处。也正因为如此，"情感哲学"或"情感儒学"这样的概括才显得尤为精切。兹略述我的理解如下：

一、存在问题

真正的哲学总是思想着存在。中国哲学亦然，冯、蒙两位先生的思想亦然。所以，要理解蒙先生、乃至冯先生的思想，必从"存在"问题切入；要把握他们的儒学思想的独创性，首先就得把握他们的"存在"观念的独特性。

纵观蒙先生在各个时期的著述，始终贯穿着对于存在的思考，例如：《理学范畴系统》意在揭示"各个范畴都是在相互'关系'中存在的……而不是一个个的孤立存在"，"这实际上是'存在'的问题"②；《中国心性论》所进一步思考的是主体性的存在，"它所讨论的是关于人的存在和

①　参见崔发展：《儒家形而上学的颠覆——评蒙培元的"情感儒学"》，《中国传统哲学与现代化》，易小明主编，中国文史出版社 2007 年版。
②　蒙培元：《我的中国哲学研究之路》，《中国哲学与文化》第 2 辑，刘笑敢主编，广西师范大学出版社 2007 年版。

价值的问题"，"它要确立人的本体存在"①；《心灵超越与境界》又进一步思考"心灵存在"，"所谓'境界'，是指心灵存在的方式，从这个意义上说，中国哲学也可以说是心灵哲学"，"心灵便是生命存在的最集中的体现"，"它是存在论的，不是观念论的"，是"存在意义上的境界论"②；《情感与理性》则进一步思考"情感存在"问题，认为"我所说的'存在'，是从生命的意义上说的，是指生命存在，不是一般所谓'存在'，是有生命意义的"③。如此等等。由此可见，蒙先生所追寻的存在观念，乃是"生命存在"。蒙先生说："从生命存在的意义上谈中国哲学，可能更符合中国哲学的精神。"④ 但此所谓"生命存在"又截然不同于牟宗三、唐君毅等人所说的"生命存在"，而是"生命情感"的存在。蒙先生说："人的存在亦即心灵存在的最基本的方式是什么呢？不是别的，就是生命情感。"⑤ 由此可见，情感是蒙先生的存在观念的内核。他由此而提出了一个著名的命题："人是情感的存在。"⑥

蒙先生的这种存在关切，是接着冯友兰先生讲的。关于冯先生对于存在的思考，杨国荣教授有专文《存在与境界》进行讨论，认为："冯友兰对存在的沉思，既关联着天道，又涉及人道，后者逻辑地引向了人生境界说。天道意义上的存在更多地指向本体世界，人生境界则首先定位于人自身之'在'，二者展示了对存在的不同切入方向，并内在地渗入了关于宇宙人生的终极思考。"⑦ 这是冯友兰研究中的一个重大突破，具有极其重要的意义。蒙先生更多地继承并拓展了冯先生存在论的这样一个方面——

① 蒙培元：《中国心性论》，学生书局1990年版，第1页。
② 蒙培元：《我的中国哲学研究之路》。
③ 蒙培元：《我的中国哲学研究之路》。
④ 蒙培元：《我的中国哲学研究之路》。
⑤ 蒙培元：《我的中国哲学研究之路》。
⑥ 蒙培元：《人是情感的存在——儒家哲学再阐释》，《社会科学战线》2003年第2期。
⑦ 杨国荣：《存在与境界》，《中国社会科学》1995年第5期。

境界论的存在论,并且以此涵摄了宇宙论的存在论,进而提出了"人是情感的存在"这个命题,由此揭明了冯蒙一系思想发展的核心观念。

我本人从冯先生、尤其蒙先生那里学到的,也主要是这三个关键词:存在·情感·境界。从某种意义上说,我自己的"生活儒学"同样是思考的这几个关键词:生活→情感→境界。① 这里,生活即是存在。我的理解是:在儒家思想中,存在绝不是存在者,既不是形而上的存在者("形而上者")、也不是形而下的存在者("形而下者");存在首先也不是存在者的存在,既不是物的对象性的存在、也不是人的主体性的存在,而是先在于任何存在者的存在;这样的存在,便是生活;这样的存在首先显现为生活情感,显现为作为生活情感的仁爱情感,这就是儒家所说的"大本大源"或"源头活水"。这是基于当代思想的一个最基本的前沿平台,那就是:存在与存在者的区分——存在首先绝不是存在者的存在,更不是存在者。在我看来,这才是所谓"存在论转向"的真正意义所在;进一步说,如果说生活即是存在、而首先显现为情感,那么,在当代复兴的儒家思想中,所谓"存在论转向"也就是"生活论转向"、或者说"生活情感论转向"。

二、情感问题

在这个意义上,蒙先生所提出的"人是情感的存在"这个命题具有极其重大的思想意义。蒙先生思想学术中一以贯之的最核心的观念,被人们称为"情感儒学",这绝不是偶然的。在这方面,崔发展博士的论文《儒家形而上学的颠覆——评蒙培元的"情感儒学"》陈述了一种最具代表性的观点,认为蒙先生的思想实际上可以说颠覆了孔孟以后出现的那种"性→情"的形而上学架构,还原了孔孟儒学的"情→性→情"观念(前

---

① 参见黄玉顺:《爱与思——生活儒学的观念》,四川大学出版社 2006 年版。

一"情"是本源性的生活情感，后一"情"是形而下的道德情感），由此揭示了、或者说是重新发现了"情"的本源性。① 或许"颠覆"这个词语下得重了些，但也确实不无道理：众所周知，孔子基本上不谈"性"，而首重"情"、亦即"仁""爱"这样的情感；孟子固然"先立乎其大者"，但其"大者"之所以"立"，也渊源于"恻隐""不忍"这样的仁爱情感。因此，"人是情感的存在"这个命题不仅直切当代思想的前沿观念，而且直切孔孟思想的本源观念。所以，蒙先生"人是情感的存在"命题是具有承前启后、继往开来的重大思想意义的：

就其"承前"或"继往"而论，远而言之，是真正继承了孔孟"仁学"的核心思想；近而言之，是继承发展了冯先生的思想。蒙先生乃是继冯先生而"接着讲"的，这里的核心就是一个"情"字。关于这个问题，这两篇论文便是其明证：蒙先生的《理性与情感》②、陈来先生的《有情与无情——冯友兰论情感》③。所以，这个文集才会命名为"情与理"。在我看来，在现当代儒学或者所谓"现代新儒家"中，如果说，熊牟一系或可称之为"心性派"（熊多言心、牟多言性），那么，冯蒙一系则可称之为"情理派"（冯重理而亦论情、蒙重情而亦论理）。换句话说，冯蒙一系思想关怀的核心所在是存在—情感—境界问题，而情感（仁爱）则是其间的枢纽所在。所谓"情理"，含有两层意味：一是"情与理"，冯先生更注意这一层，主张以理性来"应付情感，以有情无我为核心"④；二是"情之理"，蒙先生更注意这一层，指出"人是情感的存在"，并为此辩明冯先生的真实观点："情感与理性各有其地位与作用，并不构成矛盾。就其终极理念而言，情感具有更加重要的意义，这就是最终实现对万

---

① 崔发展：《儒家形而上学的颠覆——评蒙培元的"情感儒学"》。

② 蒙培元：《理性与情感——重读〈贞元六书〉、〈南渡集〉》，《读书》2007 年第 11 期。

③ 陈来：《有情与无情——冯友兰论情感》，见陈来《现代中国哲学的追寻》，人民出版社 2001 年版。

④ 陈来：《有情与无情——冯友兰论情感》。

物有深厚同情、与万物痛痒相关的'万物一体'亦即'自同于大全'的境界。"① 蒙先生是由生活的"真情实感"而求其思想的"合情合理"。

就其"启后"或"开来"而论，蒙先生对于蒙门后学、乃至于整个儒学在当前及未来之开展的最大启示，也是在仁爱情感上，我们不妨称之为"情感论转向"。这种转向与当代思想的"存在论转向"和"生活论转向"是密切相关的。在我看来，这种"生活论转向""情感论转向"甚至可以追溯到梁漱溟先生，而在当前的儒学复兴运动中正在进一步深入。我自己的"生活儒学"就是很自觉地顺应这个转向的，认为离却仁爱情感就无所谓生活存在。今天，仁爱情感不再仅仅被视为一种形而下的东西、诸如"道德情感"之类，甚至不再仅仅被视为一种形而上的东西、诸如"人性""本体"之类，而是首先被视为一种本源性的、先在于任何存在者的"事情"，即被视为存在的原初呈现、生活的本源显现，视为"不诚无物"、而"诚"才能"成己""成物"这层意义上的"诚"的情感。在这个意义上，"仁者爱人"意味着：这里的"仁者"与"人"都是由"爱"生成的。正是在这种爱之诚的情感之中，才有形而上的"天地位焉"、形而下的"万物育焉"。

三、境界问题

在这种情感本源上，我们可以重新理解"境界"问题：境界不仅是理性的"觉解"的问题，而且首先是情感的"觉解"的问题。众所周知，冯友兰先生是把境界的不同理解为一个人对于宇宙人生的觉解的程度不同、从而宇宙人生对于这个人的意义也就不同。这是"以知识驾驭情感，即王弼所说'以情从理'"；"这里所谓'知识'并不是一般的知识，而是

---

① 蒙培元：《理性与情感——重读〈贞元六书〉、〈南渡集〉》。

指一种哲学的了解"。① 这其实也就是以理性来驾驭情感。"这种看法着重从理性的侧面考察了人的存在，并肯定了人作为主体性的存在，其特点在于能对自身的存在状态作反思。"② 而蒙先生则是首先把境界问题归结为情感问题；同时，蒙先生也并不排除理性。他说："人的精神境界当然不只是情感问题，它还有认识问题"；"中国传统哲学所主张的，正是与生命情感有联系的本体存在，以及与情感体验相联系的存在认知"。③ 这就是说，境界问题涉及两个方面：首先是"生命情感"，这是"情感"问题；然后是对这种生命情感的"存在认知"，这才是"理性"与"觉解"的问题。然而追本溯源，境界问题在本源上乃是一个情感问题。简而言之，所谓最高境界，其实就是意识到或者说是"觉解"到"人是情感的存在"。这样才能达到"天地万物本吾一体"的境界④、"天人合一"的境界。蒙先生说："中国传统哲学所提倡的境界，正是'天人合一'的境界。"⑤ 这种"天人合一"，其实就是孟子所说的"亲亲而仁民，仁民而爱物"的境界。

所以，在我看来，作为蒙先生晚年自我"总结"⑥ 的《人与自然》⑦、即他的"生态儒学"，所讲的还是这种"情感境界论"，而绝非现今通常意义上的所谓"生态学"，也绝非情感儒学的什么"应用"。这里首先就是情感的显现。蒙先生饱含深情地说："看见有人任意砍伐树木，残忍地杀害动物，随意浪费资源，制造垃圾，对自然界只有掠夺而不尽义务，只求满足欲望而无同情之心，以致造成干旱化、沙漠化、空气污染、气候变

---

① 陈来：《有情与无情——冯友兰论情感》。
② 杨国荣：《存在与境界》。
③ 蒙培元：《心灵超越与境界》，人民出版社1998年第1版，第21页。
④ 蒙培元：《心灵超越与境界》，第341－347页。
⑤ 蒙培元：《心灵超越与境界》，第21页。
⑥ 蒙培元：《我的中国哲学研究之路》。
⑦ 蒙培元：《人与自然——中国哲学生态观》，人民出版社2004年8月第1版。

暖，生存条件越来越恶化，我感到非常痛心，也很担忧。"① 这种情感被"觉解"到，便是一种崇高的境界。蒙先生觉解到、并告诉人们："人是有创造性的，但是，人的创造性不是征服自然，而是'人文化成'、'参赞化育'，实现'天地万物一体'的仁的境界。"② 这是人的"生存方式"问题，亦即"人的存在"问题："中国的思想家们不仅关心当时的现实问题，而且从理论上解决了人与自然的关系问题，解决了人在自然界的地位及其作用的问题，从而也就解决了人类'应当怎样生存'的问题，即'生存方式'的问题。"③ 这样一来，生态学首次获得了存在论的奠基，这是一个具有普世意义的思想创获，也是儒学如何应对当今世界问题的一个典范。

既然有意识、有觉解，那当然就是"人的"存在、"主体性的"存在、"心灵"存在的问题。所以，蒙先生说：境界问题其实是一个"心灵哲学"的问题；"所谓'境界'，是指心灵存在的方式，从这个意义上说，中国哲学也可以说是心灵哲学。"④ 我的理解是：人的主体性是由作为存在显现、生活显现的仁爱情感生成的，但人的主体性往往恰恰导致这种本然情感的遮蔽与遗忘，现代性的主体性就是如此，当今世界的诸多问题也是由此产生的；儒学的心灵哲学、境界哲学，正是要引导人们回归其本然的存在、本然的情感；儒学所谓"学做圣人"，其实就是要使自己逐步地觉解、逐级地回归那种被遮蔽、被遗忘的本然境界。这才堪称孔子所说的"为己之学"。

因此，我在自己的"生活儒学"中谈境界问题，实际上也是同时继承了冯先生和蒙先生的思想。我把境界分为三大层次：自发境界→自为境界→自如境界。这样也就把冯先生的境界观念及其划分完全承接下来了：

① 蒙培元：《我的中国哲学研究之路》。
② 蒙培元：《我的中国哲学研究之路》。
③ 蒙培元：《我的中国哲学研究之路》。
④ 蒙培元：《我的中国哲学研究之路》。

所谓境界即冯先生所说的人生的一种"觉解";自发境界相当于冯先生所说的"自然境界";自为境界相当于冯先生所说的追求形而下存在的"功利境界""道德境界",以及追寻形而上存在的"天地境界"。但我作出了几点变更:我把功利境界和道德境界划归为形而下的境界①,而把天地境界划归为形而上的境界,它们都是自为境界;我认为境界不仅是"理性""觉解"的问题,而首先是情感的问题;我加上了一个自如境界,认为自如境界和自发境界(自然境界)之间的关系是:自如境界就是自觉地即有觉解地回归自发境界。这其实就是说:最高的境界就是自觉地回归最低的境界,也就是有觉解地回归本然的仁爱情感。② 这也就是上文所说的:境界就是意识到、"觉解"到"人是情感的存在"。显然,蒙先生的情感儒学及其境界观念对我的境界观影响很大,用蒙先生的话说,境界乃是"存在"问题——是"人的存在""心灵存在""情感的存在"问题。

这样一来,我们也就回到了开头所说的那三个关键词:存在(生活)—情感(仁爱)—境界(觉解)。简单来说,如果生活即是存在,那么仁爱就是生活的情感显现;而所谓境界,就是对这种情感存在的觉解。

---

① 并且,我并不把功利境界和道德境界视为两个不同的境界,而是认为通常的人总是出入于功利与道德之间。

② 参见黄玉顺:《爱与思——生活儒学的观念》,第四讲"境界的观念"。

《蒙培元先生 70 寿辰学术研讨集》后记 *

2008 年 2 月 9 日，是著名的中国哲学史家、哲学家蒙培元先生的古稀之寿。从去年起，我们就在筹划着编辑出版这本《情与理："情感儒学"与"新理学"研究——蒙培元先生 70 寿辰学术研讨集》。现在文集即将面世，略述数端于下：

首先，我们在这里想要强调的是：本文集的编辑宗旨，正如书名所表明的，其实远不仅仅是一般的"祝寿"文集，而是一本名副其实的"学术研讨集"，所研讨的是蒙先生的思想学术、这种思想学术所具有的继往开来的意义。所谓"继往"，指蒙先生思想学术之"承前"，即蒙先生的"情感儒学"与其师冯友兰先生的"新理学"、乃至中国整个儒学传统、尤其孔孟儒学的承接关系；而所谓"开来"，则指蒙先生思想学术之"启后"，即蒙先生的思想学术对"蒙门"诸生、乃至整个儒学当代复兴的启示作用。欣逢蒙先生 70 寿辰，这为我们得以通过编辑这个文集来领会蒙先生的思想与学术的上述重大意义提供了一个契机，这是我们应该感谢蒙先生的。

其次，文集收录的这些文章，有一些是作者已经发表过的，皆已在脚

---

    * 本文作于 2008 年 1 月；见《情与理："情感儒学"与"新理学"研究——蒙培元先生 70 寿辰学术研讨集》，黄玉顺、彭华、任文利主编，中央文献出版社 2008 年 2 月版，第 366－367 页。

注中注明；有一些则是专为这个文集而新撰写的。对于各位的慷慨赐稿，我们表示由衷的感谢！

再次，我们还要衷心感谢四川思想家研究中心，本文集是在该研究中心正式立项（作为四川省教育厅人文社会科学研究重点课题），并在他们的资助下才得以顺利出版的。

最后，我们在这里敬祝蒙先生健康长寿！

"儒学中的情感与理性"
学术讨论会主持人语[*]

各位前辈、各位学者:

早上好!

咱们今天的研讨会,现在开始。

首先,请允许我:

为这次研讨会的顺利召开,向会议的联合主办单位——中华孔子学会、中国社科院哲学所中国哲学研究室、四川思想家研究中心——表示由衷的感谢!

对各位的拨冗莅临本次会议,表示诚挚的谢意!

对蒙培元先生的70寿辰,表示热烈的祝贺!

这次研讨会的题目是:"儒学中的情感与理性"。这个论题,不仅在近年来日益成为儒学研究中人们普遍关注的问题,而且众所周知,这个论题是与冯友兰先生的中国哲学研究、蒙培元先生的儒家思想阐释密切相关的。诸位手里的这本书《情与理:"情感儒学"与"新理学"研究——蒙

---

* 本文作于2008年7月10日;原载《儒学中的情感与理性——蒙培元先生七十寿辰学术研讨会》,黄玉顺等主编,现代教育出版社2008年12月版,第3-4页;收入作者文集《儒家思想与当代生活——"生活儒学"论集》,光明日报出版社2009年9月版,第174-175页。

培元先生70寿辰学术研讨集》①，就是为此而编辑出版的。

借此机会，我想代表几位主编：

再次衷心地感谢各位作者——特别是陈来教授、李存山教授、杨国荣教授、干春松教授、丁为祥教授、蔡方鹿教授——的大力支持、慷慨赐稿。非常感谢！

同时，由衷地感谢此书的批准立项、出版资助单位——四川思想家研究中心！

今年的2月9日，是蒙培元先生的70寿辰。为此，去年秋季，我们就开始筹划编辑这个文集。但是，正如我在后记中所说的："本文集的编辑宗旨，正如书名所表明的，其实远不仅仅是一般的'祝寿'文集，而是一本名副其实的'学术研讨集'。"具体说来，文集所研讨的内容，就是冯友兰先生的"新理学"、蒙培元先生的"情感儒学"，也就是我们这次会议的标题"儒学中的情感与理性"所表达的内容。

从冯先生的"新理学"到蒙先生的"情感儒学"，这两者之间，明显地存在着一种思想学术渊源关系或者说是某种一以贯之的东西。这种一以贯之的东西，我在序言里将其概括为三个关键词：存在·情感·境界。当然，这只是我个人的一点粗浅理解，不当之处，还请各位前辈、各位学者批评指正。

今天会议的议程：

上午的安排：首先是一个简短的开幕式，会议的三个主办单位致辞，以及一个简要的仪式——"《儒藏》编纂委员会委员"聘书送达仪式；然后就是会议的主题发言。

下午的安排：自由讨论。

……

---

① 黄玉顺、彭华、任文利主编：《情与理："情感儒学"与"新理学"研究——蒙培元先生70寿辰学术研讨集》，中央文献出版社2008年2月版。

《儒学中的情感与理性》后记*

这本书是一次学术研讨会的录音整理稿。那是 2008 年 7 月 10 日在北京大学哲学系召开的、为蒙培元先生 70 寿辰而举办的"儒学中的情感与理性"学术研讨会。

我们非常感谢中华孔子学会、中国社科院哲学所中国哲学研究室、四川思想家研究中心！此次会议是由三家单位联合主办的；本书也是由四川思想家研究中心立项、资助出版的。

我们还要感谢各位与会的专家学者！他们在会议上的既深入严谨、又幽默风趣的发言，保证了此次会议的成功。

我们尤其要感谢汤一介先生！此次会议的举办，自始至终得到了汤先生的关怀、支持与帮助。

我们还要由衷感谢干春松教授！他其实是此次会议的具体的筹备者、组织者。

我们感谢这次会议的所有支持者、参与者！

之所以要将这个录音整理稿正式出版，是因为此次学术研讨会确实具有重要的学术意义：

首先，会议可以说是首次明确地提出、集中地探讨了"儒学中的情感

　　* 本文作于 2008 年 10 月 8 日；见《儒学中的情感与理性——蒙培元先生七十寿辰学术研讨会》，黄玉顺、任文利、杨永明主编，现代教育出版社 2008 年版，第 136 - 138 页。

与理性"这个重大课题，与会学者围绕这个主题发表了许多重要的学术见解，有些观点（例如李存山先生、王中江先生的观点）甚至涉及对整个儒家思想的基本点的重新认识。

其次，会议在相当程度上也是对现代新儒学的一次重新认识，提出并探讨与比较了现代新儒学的两个派别的思想学术特征："熊（十力）牟（宗三）"一系与"冯（友兰）蒙（培元）"一系。在这里，我个人要感谢陈战国先生对我在《情与理："情感儒学"与"新理学"研究》①序言中提出的一个观点的支持，他说："熊牟一系的儒者和冯蒙一系儒者之间区别的关键所在就是'情感'，这个我是认可的，觉得说得很深刻、很恰当。"

最后，会议是为蒙先生寿辰而举办的，充分肯定了蒙先生对"冯门"思想学术乃至整个儒学的重大贡献，初步总结了蒙先生学术的发展历程与思想特色。特别是陈来先生，他对蒙先生的学术历程及其成就的总结，是具有指导性意义的。陈来先生还对蒙先生的思想特征进行了一种总体性的概括：

> 黄玉顺教授编的这本文集和今天会议的主题，都很强调情感这个问题，这本书里甚至还有专栏谈论"情感儒学"，并且把蒙先生的观点用"情感儒学"来概括，好像也得到了老蒙的首肯。但是我个人觉得还是有点不满足，我觉得这个概括恐怕没有完全表达老蒙的哲学思想，并且可能也限制了老蒙的哲学思想。我认为，新世纪以来，如果要用一个关键词来概括老蒙的思想，我不是很赞成一定要用"情感"来概括，我觉得"生命"这两个字对于老蒙最近十年来的研究可能更为重要，因为"情感"是不能

---

① 黄玉顺、彭华、任文利主编：《情与理："情感儒学"与"新理学"研究——蒙培元先生70寿辰学术研讨集》，中央文献出版社2008年版。

脱离"生命"的，所以"情感儒学"的讲法对老蒙的思想来说是不完整的。特别是——刚才好几位先生都讲了——老蒙是从生态学的角度来探讨人与自然之间的关系的，那么这个进路与我们今天搞科技哲学的进路是不一样的，并且也和一般的讲天人关系的不一样，我觉得他是用"生命"作为一个主要的切入点来讲的。……所以，用"生命儒学"或者"生命—情感儒学"或许更能全面地把握老蒙的思想。因此，我对黄玉顺教授的概括感到有点不满足。

我当时在会上对此作出了两点回应：一、"情感儒学"这个概括并不是我个人提出的，而是其他学者更早提出的，我只是觉得很恰当而采用了这个概括；二、"生命"这个概念，不足以将蒙先生的思想特色与现代新儒家的其他学者的思想特色区别开来，因为不少现代新儒家学者都讲"生命""生命存在"。当然，陈来先生的概括也是很有道理的，是符合蒙先生的思想实际的，并且对我个人来说也是有启发性的。

总之，此次会议的主题"儒学中的情感与理性"之提出并得以认真探讨，确实是对当前儒学研究的一种重大的推进。希望围绕这个主题的学术探讨继续下去，这本小书只是一个引玉的砖头而已。

我们在这里再次祝愿蒙先生健康长寿！

《人是情感的存在》序言*

这个文集的编撰，是为了庆贺当代著名哲学家、中国哲学史家、儒学大家蒙培元先生 80 寿辰。蒙先生于夏历戊寅年正月初十（1938 年 2 月 9 日）出生于甘肃省庄浪县①；今年是夏历丁酉年，正月初十（2017 年 2 月 6 日）是蒙先生 80 周岁，即传统所称的"耋寿"。②

蒙先生 1963 年开始在著名中国哲学家、现代新儒家冯友兰先生门下做研究生，1966 年毕业于北京大学哲学系；1980 年到中国社会科学院哲学研究所从事中国哲学研究，历任中国社科院哲学研究所研究员，研究生院教授、博士生导师，中国哲学研究室主任，中国哲学史学会副会长，《中国哲学史》杂志主编，美国哥伦比亚大学、哈佛大学访问教授，台湾"中研院"文哲所访问教授，香港中文大学客座教授等；著有《理学的演变》《理学范畴系统》《中国心性论》《中国哲学主体思维》《心灵超越与境界》《情感与理性》《人与自然——中国哲学生态观》《蒙培元讲孔子》《蒙培元讲孟子》《朱熹哲学十论》等。

---

* 本文作于 2017 年 5 月；见《人是情感的存在——蒙培元先生 80 寿辰学术研讨集》（文集），黄玉顺、杨永明、任文利主编，北京大学出版社 2018 年 3 月版，第 1-2 页；收入作者文集《生活儒学与当代思想》，四川人民出版社 2020 年 12 月版，第 246-247 页。

① 这里的出生日期是以蒙培元先生的身份证为准。另有一说：蒙先生的实际出生日期是 1937 年 1 月 30 日，即夏历丙子年腊月十八。

② 所谓"虚岁"，按中国传统干支纪年法，则为实岁：自戊寅年（1938 年）至丁丑年（1997 年）实满一个花甲六十周岁；至丁酉年（2017 年）实满八十周岁。

蒙先生的哲学思想，是对冯先生"新理学"的"接着讲"，并加以发展与转化，提出了"人是情感的存在"①、儒家哲学乃是"情感哲学"②等一系列重要命题，从而独树一帜地建构了"情感儒学"③，并将这种根本思想贯彻于心灵哲学、生态哲学、儒学史、中国哲学史等研究领域之中。蒙先生的"情感儒学"，可谓是两千年来儒家思想之大翻转，即一反孔孟之后皇权帝国时代儒学的"性→情"架构，回归孔孟的情感观念，重新确立了仁爱情感的本源地位。因此，蒙先生不仅是杰出的儒学史家、中国哲学史家，更是杰出的儒学家、哲学家。

这个文集收录的文章，有些是已经发表过的，多数是新撰写的，分为八编：（一）蒙培元哲学思想总论；（二）蒙培元"情感儒学"研究；（三）蒙培元"生态儒学"研究；（四）蒙培元哲学思想比较研究；（五）蒙培元哲学思想其他专题研究；（六）蒙培元哲学思想之继承与发展；（七）访谈；（八）附录。通过这些文字，读者可以较为全面地了解蒙先生的为人与为学，必将对儒学与中国哲学的更进一步发展大有助益。

---

① 蒙培元：《人是情感的存在——儒家哲学再阐释》，《社会科学战线》2003 年第 2 期。

② 蒙培元：《情感与理性》，中国社会科学出版社 2002 年版，第 310 页。

③ 崔发展：《儒家形而上学的颠覆——评蒙培元的"情感儒学"》，《中国传统哲学与现代化》，易小明主编，中国文史出版社 2007 年版；收入《情与理："情感儒学"与"新理学"研究——蒙培元先生 70 寿辰学术研讨集》，黄玉顺等主编，中央文献出版社 2008 年版。另参见黄玉顺：《情与理："情感儒学"与"新理学"研究》序言"存在·情感·境界——对蒙培元思想的解读"。

关于"情感儒学"与"情本论"的一段公案[*]

　　值此为蒙培元先生祝寿的机会，我想谈一段学术公案，涉及蒙先生"情感儒学"与李泽厚先生"情感本体论"之比较的问题，尤其是后者是否属于儒家的问题。

　　2015年6月1日，我接到美国夏威夷大学 Roger T. Ames（安乐哲）和 Peter D. Hershock 两位教授代表世界儒学研究联合会（World Consortium for Research in Confucian Cultures）发出的邀请通知：当年10月要在夏威夷大学举办一次专题研讨会，主题是"李泽厚与儒家哲学"。

　　以下是我当天的回信，谈到了李泽厚的"情感本体论"：

Dear Roger and Peter

　　您好！非常感谢您对世界儒联及其会议所付出的努力！

　　关于李泽厚的会议，我由于种种原因，不能参加，非常遗憾！

　　不过，我愿趁此机会，谈谈我对李泽厚"情感本体论"的看法。我在去年发表的一篇文章《儒家的情感观念》，曾谈到了李

　　* 本文原载《当代儒学》第12辑，广西师范大学出版社2017年12月版，第173-177页；《人是情感的存在——蒙培元先生80寿辰学术研讨集》，北京大学出版社2018年3月版，第200-204页；收入作者文集《生活儒学与现代性问题》，四川人民出版社2019年6月版，第271-275页。

泽厚，并明确地将他排除在"儒家"之外：

20世纪以来，出现了一种"反智重情"思潮，最典型的如朱谦之的"唯情论"、袁家骅的"唯情哲学"。最近的一个例子是李泽厚的"情感本体论"。……李泽厚的"情本论"：第一，出自美学思考，其思想立足点是20世纪80年代马克思主义哲学的"实践本体论"，把一切建立"在人类实践基础上"，属于历史唯物论性质的"人类学历史本体论"；第二，这种本体论仍然是传统形而上学的思维模式，所以李泽厚批评海德格尔："岂能一味斥责传统只专注于存在者而遗忘了存在？岂能一味否定价值、排斥伦理和形而上学？回归古典，重提本体，此其时矣。"以上几家均非儒学。①

事实上，本世纪以来，在儒家内部，将儒学重新阐释为"情感哲学"的代表人物，是我的导师蒙培元先生，这是众所周知的，他的思想被称为"情感儒学"。李泽厚提出"情本论"是在2010年前后，而蒙培元提出情感儒学则是在此之前，即本世纪之初的2002年前后，见其代表作之一《情感与理性》及其他一些文章。

所以，如果可能，我愿意承办一次会议：蒙培元"情感儒学"研讨会。

当然，以上只是我的个人看法而已。

顺颂大安！

黄玉顺

鉴于此事涉及重大的学术问题，我于2015年6月1日当天将这封回

---

① 黄玉顺：《儒家的情感观念》，《江西社会科学》2014年第5期。

信发布于"黄玉顺的博客"①。

紧接着，6月5日，"李泽厚的博客"做出了以下回应：

对黄文的一点纠正：

在此文中，黄玉顺教授说："李泽厚提出'情本论'是在2010年前后，而蒙培元提出情感儒学则是在此之前，即本世纪之初的2002年前后，见其代表作之一《情感与理性》及其他一些文章。"将李泽厚提出"情本体"的时间，定为2010年，谬矣！黄教授这一说法，大概依据的是《该中国哲学登场了？——李泽厚2010年谈话录》，其实，李泽厚提出"情本体"，远远早于此，比如在1985年的关于主体性的第三个提纲就提出了："于是，只有注意那有相对独立性能的心理本体本身。时刻关注这个偶然性的生的每个片刻，使它变成是真正自己的。在自由直观的认识创造、自由意志的选择决定和自由享受的审美愉悦中，来参与构建这个本体。这一由无数个体偶然性所奋力追求的，构成了历史性和必然性。""所谓本体即是不能问其存在意义的最后实在，它是对经验因果的超越。离开了心理的本体是上帝，是神；离开了本体的心理是科学，是机器。所以最后的本体实在其实就在人的感性结构中。"1989年出版的《美学四讲》结束语便是："情感本体万岁，新感性万岁，人类万岁。"1989年的第四个提纲也提了"情感本体"，有一节的标题就是："于是提出了建构心理本体特别是情感本体"。

奇怪的是，为何黄教授却要将这一时间推迟了整整25年？！

至于如何评价李泽厚的"情本体"是另一问题了。②

---

① 黄玉顺的博客（http：//blog. sina. com. cn）。

② 李泽厚的博客（http：//blog. sina. com. cn）。

这个回应，意在表明李先生提出"情本论"的时间很早，为此提出了以下三条证据：

一是 1985 年李先生关于主体性的第三个提纲提出："于是，只有注意那有相对独立性能的心理本体本身……"但读者不难注意到，李先生在这里提到的并非"情本体"或"情感本体"，而是"心理本体"。这条证据完全不能成立：岂能将"心理"归结为"情感"？

二是 1989 年李先生出版的《美学四讲》的结束语提到："情感本体万岁，新感性万岁，人类万岁。"但我想指出的是：在一句话里偶然地提到了"情感本体"这个词语，这并不等于提出了"情感本体论"，因为后者作为"××论"应当是一个多多少少具有一定系统性的理论，而不仅仅是一个偶然提到的词语。

三是 1989 年李先生的第四个提纲，有一节的标题说"于是提出了建构心理本体特别是情感本体"。其实，这里的"情感本体"同样只是一个偶然提到的词语，而且是隶属于上述所谓"心理本体"的；这同样并不是作为一种系统理论的"情本论"或"情感本体论"，故而并非充分的证据。

所以，仅仅根据以上三条材料，根本不能证明"黄教授将这一时间推迟了整整 25 年"。显然，我所说的"李泽厚提出'情本论'是在 2010 年前后"，并不能被以上三条材料推翻。

不仅如此，其实，我在那篇文章里真正关心的，并不是时间先后的问题，而是"儒家的"情感理论，该文的题目就是"儒家的情感观念"。我那封信的主旨是委婉地指出，会议的主题"李泽厚与儒家哲学"（Li Zehou and Confucian Philosophy）是不太妥当的，我"明确地将他（李泽厚）排除在'儒家'之外"。在那封信里，我的说法是"本世纪以来，在儒家内部，将儒学重新阐释为'情感哲学'的代表人物，是我的导师蒙培元先生"。

当然，李先生及其"情本论"算不算是"儒家的"，这是可以讨论的。并且，我的意思也并不是说李先生的"情感本体论"没有意义；恰恰相反，在那篇文章里，我对20世纪以来出现的"重情"思潮，不论是否儒家，都是非常重视的。不仅如此，我一向认为，李泽厚先生是20世纪80年代中国最杰出的思想家；作为学界晚辈，我本人也曾从他那里学到过不少东西。

但尽管如此，我并不认为是李先生率先提出了关于情感本体的理论，更不认为李先生是儒家（我始终认为，李先生哲学思想的根基是马克思主义的历史唯物论）。在那篇文章里，在李先生之前的非儒家的人物，我提到了"最典型的如朱谦之的'唯情论'、袁家骅的'唯情哲学'"（所谓"唯情"犹如"唯物""唯心"，就是将"情"视为本体或者具有本体地位的东西）；而儒家的人物，我谈到了梁启超和梁漱溟：

> 与儒学有密切关系的情感主义倾向，有梁启超的情感观念。他认为"情感是人类一切动作的原动力"，因此主张"把情感教育放在第一位"①。他说："只要从生活中看出自己的生命，自然会与宇宙融合为一"；"怎么才能看出自己的生命呢？这要引宋儒的话，说是'体验'得来"。② 这种情感体验具有浓厚的儒家思想渊源。
>
> 儒家情感主义的复兴，梁漱溟是一个典型。尽管受到柏格森的影响，梁漱溟的情感论显然属于儒学。其早期的《东西文化及其哲学》判定："西洋人是用理智的，中国人要用直觉的——情感的。"③ 中期的《中国文化要义》仍然是这种"中/西—情感/理智"二分的观念，只不过是用他自己的独特概念"理性"来

---

① 梁启超：《中国韵文所表现的情感》，《饮冰室合集》，第4册，中华书局1989年影印本。

② 梁启超：《评胡适之中国哲学史大纲》，《饮冰室合集》，第5册。

③ 梁漱溟：《梁漱溟全集》，第一卷，山东人民出版社2005年第2版，第479页。

表示情感。① 梁漱溟说："周孔教化自亦不出于理知，而以情感为其根本"；"孔子学派以敦勉孝悌和一切仁厚肫挚之情为其最大特色"②；中国社会是伦理本位的，而"伦理关系，即是情谊关系……伦理之'理'盖即于此情与义上见之"③。

儒家情感观念的更为彻底的复兴，见于蒙培元的专著《情感与理性》及一系列著述，他的理论被称为"情感儒学"。④ 陈来也认为，蒙培元的思想可以概括为"生命—情感儒学"。⑤ 在蒙培元看来，儒家哲学乃是"情感哲学"⑥。他说："人的存在亦即心灵存在的最基本的方式是什么呢？不是别的，就是生命情感。"⑦ 因此，他提出了一个著名的命题："人是情感的存在。"⑧⑨

总之，在我看来，蒙先生的"情感儒学"，可谓是孔孟之后的两千年来儒家思想之大翻转，即一反皇权帝国时代儒学的"性→情"架构，而重新确立了仁爱情感的根本地位。

---

① 王末一：《情感与理智的冲突与融合——梁漱溟哲学思想初探》，吉林大学硕士论文，第24页。

② 梁漱溟：《中国文化要义》，学林出版社1987年版，第119页。

③ 梁漱溟：《梁漱溟全集》，第三卷，第82页。

④ 崔发展：《儒家形而上学的颠覆——评蒙培元的"情感儒学"》，载《中国传统哲学与现代化》，易小明主编，中国文史出版社2007年版。

⑤ 黄玉顺、任文利、杨永明主编：《儒学中的情感与理性——蒙培元先生70寿辰学术研讨会》，现代教育出版社2008年版，第43－44页。

⑥ 蒙培元：《情感与理性》，中国社会科学出版社2002年版，第310页。

⑦ 蒙培元：《我的中国哲学研究之路》，《中国哲学与文化》第2辑，刘笑敢主编，广西师范大学出版社2007年版。

⑧ 蒙培元：《人是情感的存在——儒家哲学再阐释》，《社会科学战线》2003年第2期。

⑨ 黄玉顺：《儒家的情感观念》，《江西社会科学》2014年第5期。

《"情感儒学"研究》序言[*]

2018 年 3 月 18 日，"儒学现代转型中的情感转向"全国学术研讨会暨蒙培元先生八十寿辰学术座谈会在北京港中旅维景国际大酒店举行。会议由教育部人文社会科学重点研究基地——山东大学易学与中国古代哲学研究中心、中国社会科学院哲学研究所、中国孔子基金会《孔子研究》编辑部、山东大学儒学高等研究院和山东社会科学院文化研究所联合主办。

著名哲学家、中国哲学史家、当代儒家学派"情感儒学"创立者蒙培元先生莅临了会议。会议议程为：开幕式（黄玉顺主持）、第一场学者发言（余治平主持）、第二场学者发言（任文利主持）、第三场学者发言（谢寒枫主持）、第四场学者发言（朱雪芳主持）、闭幕式（刘震主持）。

开幕式首先由主办单位代表致辞，他们是中国社科院哲学所副所长张志强研究员、《孔子研究》主编王钧林教授、山东大学易学中心副主任张文智教授和山东社科院文化所所长涂可国研究员。开幕式还举行了北京大学出版社《人是情感的存在——蒙培元先生 80 寿辰学术研讨集》^① 新书

---

* 本文是作者为《"情感儒学"研究——蒙培元先生八十寿辰全国学术研讨会实录》所作的序言，四川人民出版社 2018 年 6 月版，第 1-2 页；收入作者文集《生活儒学与当代思想》，四川人民出版社 2020 年 12 月版，第 251-252 页。

① 黄玉顺、杨永明、任文利主编：《人是情感的存在——蒙培元先生 80 寿辰学术研讨集》，北京大学出版社 2018 年 3 月版。

发布仪式，北大出版社杨书澜编审致辞。开幕式还展示了当代中国哲学大家、易学大师刘大钧先生亲撰手书的贺联；宣读了国际儒学联合会副理事长、台湾政治大学名誉教授董金裕先生的贺信，以及中华儒学会暨山西省当代儒学研究会的贺电。

来自全国各地的近六十位学者参加了会议；儒学大家陈来先生等三十多位专家学者发言，表达了对蒙先生的情感与敬意，阐述了各自对蒙先生"情感儒学"及相关思想与学术的理解与评价。

会议闭幕式上，山西社会科学院哲学研究所宋大琦副研究员进行了学术总结；蒙先生的夫人、北京大学心理学系教授郭淑琴女士代表蒙先生致感谢辞。

此次会议学者发言的编辑出版，旨在通过忠实地记录这次盛会，展现各位与会学者的情感与思想，推动儒学研究尤其是"情感儒学"研究的更进一步开展。

情感儒学：当代哲学家蒙培元的情感哲学*

【提要】当代著名哲学家、中国哲学史家蒙培元的情感哲学，学界称之为"情感儒学"。他提出了"人是情感的存在""情感是人的基本的存在方式""儒家哲学是情感哲学"等一系列重要命题。他的哲学思想有"主体""心灵""超越""境界"与"自然"这几个最重要的关键词，并由"情感"观念贯通起来。他有一个重要命题"情感可以上下其说"：往下说，情感与生理心理相联系，就是主体心灵的感性层面，即是一种形而下的自然经验；往上说，情感与实践理性相联系，乃是主体心灵的超越层面，即是一种形而上的超越体验。情感儒学实可谓两千年来儒家主流哲学之大翻转，即颠覆了以宋明儒学为代表的"性本情末""性体情用"的观念架构，回归孔孟的情感本源观念，由此引发了当代儒家哲学研究的"情感转向"。

蒙培元是中国当代著名的哲学家、中国哲学史家，其主要哲学思想被

---

* 本文作于 2020 年 2 月；原载《孔子研究》2020 年第 4 期，第 43－47 页。本文是为《近现代中国哲学辞典》撰写词条"蒙培元"（英国 John Shook 主编，计划由英国 Bloomsbury Publishing Company 出版）。

学界称为"情感儒学"①。蒙培元于 1938 年 2 月 9 日出生于中国甘肃省庄浪县。1963 年跟随著名哲学家冯友兰作研究生，1966 年毕业于北京大学哲学系。1980 年到中国社会科学院哲学研究所从事中国哲学研究，历任中国社科院哲学研究所研究员、研究生院教授、中国哲学研究室主任、中国哲学史学会副会长、《中国哲学史》杂志主编。同时，曾任美国哥伦比亚大学、哈佛大学访问教授，台湾"中研院"文哲所访问教授，香港中文大学客座教授等。蒙培元共发表论文近三百篇，出版专著十部。②

蒙培元的哲学思想是通过对中国传统哲学的研究、叙述与诠释而呈现出来的。他的学术生涯始于宋明理学研究，代表作是广为引用的《理学的演变——从朱熹到王夫之戴震》(1984)③ 和《理学范畴系统》(1989)④。然后，他对整个中国哲学史进行了贯通的研究。他的哲学思想有"主体""心灵""超越""境界"与"自然"这几个最重要的关键词，并由"情感"贯通起来，由此呈现出独具一格的"情感儒学"（他自己称之为"情

---

① 参见《情与理："情感儒学"与"新理学"研究——蒙培元先生 70 寿辰学术研讨集》，黄玉顺等主编，中央文献出版社 2008 年版；《儒学中的情感与理性——蒙培元先生七十寿辰学术研讨会》，黄玉顺等主编，现代教育出版社 2008 年 12 月版；《人是情感的存在——蒙培元先生 80 寿辰学术研讨集》，黄玉顺等主编，北京大学出版社 2018 年版；《"情感儒学"研究——蒙培元先生八十寿辰全国学术研讨会实录》，黄玉顺主编，四川人民出版社 2018 年 6 月版。

② 参见蒙培元：《我的求学生涯》，载《安身立命之道——为学与为人》，中国致公出版社 1999 年版；《我的中国哲学研究之路》，载《中国哲学与文化》第 2 辑，广西师范大学出版社 2007 年 11 月版；《我的学术历程》，载《儒学中的情感与理性》，黄玉顺等主编，教育科学出版社 2008 年版。

③ 蒙培元：《理学的演变——从朱熹到王夫之戴震》，福建人民出版社 1984 年第 1 版、方志出版社 2007 年再版。

④ 蒙培元：《理学范畴系统》，人民出版社 1989 年第 1 版；另有韩文版，洪元植译，韩国艺文书院出版社 2007 年版。

感哲学"①）。

一、主体思维

这个概念最初是在 1988 年的论文《论中国传统思维方式的基本特征》② 中提出的，后来一直是蒙培元哲学的根基，他发现这是中国哲学的一个总体性和根本性特征。这其实是对儒家哲学"心性论"的一种扩展性的理解，即扩展到道家哲学和中国佛教哲学特别是禅宗哲学，这主要体现在他 1990 年的专著《中国心性论》中。③ 蒙培元关于主体思维方面的思想，最集中地体现在他 1993 年的专著《中国哲学主体思维》中。④

蒙培元所说的中国哲学"主体思维"概念区别于西方哲学的相应概念，即"主体"并不仅仅是认知主体，而更主要的是道德实践主体；"思维"也不是外向思维，而是内向思维，甚至不仅仅是通常的认知性概念，还涵盖了直觉与顿悟、乃至情感与意志等，总之是概指心灵的活动。最值得留意的是：他所反复强调的主体的"自我超越"其实已经意味着某种"前主体性"观念，因为对于通过超越而获得的新的主体性来说，此前的"思维"或"超越"活动就是前主体性的；当然，这并没有否定主体的自我同一性，在这个意义上，蒙培元的哲学仍然是一种主体性哲学。

---

① 蒙培元先生在许多文章和著作里经常提到"情感哲学"概念，仅出现在文章标题里的就有：《李退溪的情感哲学》，《浙江学刊》1992 年第 5 期；《论中国传统的情感哲学》，《哲学研究》1994 年第 1 期；《中国的情感哲学及其现代意义》，载《中国智慧透析》，华夏出版社 1995 年版；《漫谈情感哲学》，《新视野》2001 年第 1 期、第 2 期；《中国情感哲学的现代发展》，《杭州师范学院学报》2002 年第 3 期。

② 蒙培元：《论中国传统思维方式的基本特征》，《哲学研究》1988 年第 7 期。

③ 蒙培元：《中国心性论》，台湾学生书局 1990 年第 1 版；另有韩文版，李尚显译，韩国法仁文化社 1996 年版。

④ 蒙培元：《中国哲学主体思维》，东方出版社 1993 年第 1 版；另有韩文版 2005 年版，金容燮译。

二、心灵

上述"主体思维"乃是"心灵"的活动，蒙培元认为这是中国心性哲学的基本特征。他将这样的思想提炼而概括为"心灵哲学"，这个概念最初是在 1993 年的论文《心灵与境界——朱熹哲学再探讨》[①] 里提出的，同样值得注意的还有 1994 年的论文《中国的心灵哲学与超越问题》[②]；当然，更全面系统的论述则是 1998 年出版的专著《心灵超越与境界》[③]。

蒙培元的"心灵"概念也是中国哲学所特有的，尤其与王阳明的"良知"作为"灵明"的观念有密切联系。因此，"心灵"可以说是"主体思维"概念的更加中国化的表达，即"主体"主要是指心灵主体，而"思维"则是心灵活动，主体思维的指向就是心灵的自我超越。

三、情感

这应该说是贯穿蒙培元哲学思想的最重要的概念。蒙培元的情感儒学早在 20 世纪 80 年代就形成了，最初提出"情感哲学"概念是写作于1986 年、发表于 1987 年的论文《李退溪的情感哲学》[④]。比较而言，中国古代文献中的强调情感、从而与蒙培元"情感哲学"形成呼应的《性自命出》在几年之后的 1993 年 10 月才出土，而《郭店楚墓竹简》更是十年之后的 1998 年 5 月才出版。[⑤] 自此直到今天，儒家情感思想的研究蔚然

---

① 蒙培元：《心灵与境界——朱熹哲学再探讨》，《中国社会科学院研究生院学报》1993 年第 1 期。

② 蒙培元：《中国的心灵哲学与超越问题》，《学术论丛》1994 年第 1 期。

③ 蒙培元：《心灵超越与境界》，人民出版社 1998 年第 1 版。

④ 蒙培元：《李退溪的情感哲学》，韩国退溪学研究院《退溪学报》1988 年第 58 卷；另见《浙江学刊》1992 年第 5 期。

⑤ 荆门市博物馆：《郭店楚墓竹简》，文物出版社 1998 年 5 月第 1 版。

兴起，可称之为中国当代哲学的"情感转向"。① 2002 年，蒙培元最重要的总结性著作《情感与理性》出版。②

蒙培元提出了"人是情感的存在""情感是人的基本的存在方式""儒家哲学是情感哲学"等一系列重要命题。要注意的是，蒙培元的"情感"概念远非一般的心理学概念。他全方位地揭示了"情感"概念的诸多规定性，诸如"主体情感""心灵情感""真实情感"（"真情实感"）"自然情感""具体情感""心理情感""感性情感""情绪情感""高级情感""道德情感""审美情感""宗教情感""自由情感""私人情感""个人情感""共同情感""普遍情感""主观情感""客观情感"乃至"理性情感"（还有与之对应的"情感理性"）等。

四、超越

这个概念也是贯穿蒙培元哲学的一个重要概念。在他看来，中国哲学的根本宗旨就是主体心灵从自然情感向高级情感的自我超越，最终达到形上本体的情感体验境界。因此，他自始至终谈"超越"，而"自我超越"概念早在 1987 年的论文《谈儒墨两种思维方式》中即已经提出③；当然，这方面最集中的论述仍是其专著《心灵超越与境界》。

蒙培元的"超越"概念不同于牟宗三的"内在超越"概念，在于它虽然也是某种内在超越，但不是存有论的概念，而是情感境界论的概念，即是主体心灵在境界上的情感超越。不过，他虽然也不同意西方宗教的外在超越，但非常重视超越境界中的宗教情感体验。

---

① 参见黄玉顺：《存在·情感·境界——对蒙培元思想的解读》，《泉州师范学院学报》2008 年第 1 期；《关于"情感儒学"与"情本论"的一段公案》，载《当代儒学》第 12 辑，广西师范大学出版社 2017 年版。

② 蒙培元：《情感与理性》，中国社会科学出版社 2002 年第 1 版。

③ 蒙培元：《谈儒墨两种思维方式》，《中国社会科学院研究生院学报》1987 年第 1 期。

五、境界

蒙培元从一开始就关注"境界"问题，早在1983年的论文《论朱熹理学向王阳明心学的演变》中就谈到，理学家的宗旨是要达到万物一体、天人合一的"精神境界"①；此后一系列著述都不断强调，中国哲学不是认识论的，而是境界论的。他1992年的论文《从孔子的境界说看儒学的基本精神》指出，心灵境界说是中国哲学中最有特色、最有价值的部分。② 1996年，他发表了自我总结性的论文《主体·心灵·境界——我的中国哲学研究》③；1998年，这方面的总结性专著《心灵超越与境界》出版。

蒙培元的"心灵境界"论是冯友兰"人生境界"论（见《新原人》④）的发展，而有其独特内涵，即"境界"不仅仅指冯友兰所说的"觉解"程度，而更强调主体心灵的自我超越所达到的精神层次，其中尤其是情感体验的层次。他特别标举"乐"的境界，即是这样一种最高层次的情感体验，它是情与理、真善与美、人与天（自然）的和谐统一。

六、自然

蒙培元从1998年就开始比较集中地思考"自然"问题，此后一系列著述都涉及这个问题，包括2004年出版的专著《情感与理性》。当然，这方面总结性的专著是2004年出版的《人与自然——中国哲学生态

---

① 蒙培元：《论朱熹理学向王阳明心学的演变》，《哲学研究》1983年第6期。
② 蒙培元：《从孔子的境界说看儒学的基本精神》，《中国哲学史》1992年第1期。
③ 蒙培元：《主体·心灵·境界——我的中国哲学研究》，载《今日中国哲学》，广西人民出版社1996年7月版。
④ 冯友兰：《新原人》，商务印书馆（上海）1946年第1版。

观》①。

蒙培元的"自然"概念也是独特的。它与中国哲学的"天"概念具有内在一致性；从某种意义上说，它是儒家的道德本体论与道家和禅宗的自然本体论的一种融通。但归根到底，"自然"仍然是蒙培元自己的情感儒学的一个心灵境界的概念。它是一个这样的"生命存在"概念，涵盖了、但不仅仅是与人相对的自然界或生态学意义上的自然环境。它当然也不是宗教概念，却具有宗教情感及其超越意义。它是内外合一、情理合一、天人合一的概念，最终可以被理解为一种最高境界的情感体验。

最后再次强调，蒙培元的哲学之所以被称为"情感儒学"，是因为上述"主体""心灵""超越""境界"与"自然"等，都是以"情感"观念贯通起来的。而这一点之所以可能，尤其体现在他的一个非常重要的命题"情感可以上下其说"之中：往下说，情感与生理心理相联系，就是主体心灵的感性层面，即是一种形而下的自然经验；往上说，情感与实践理性相联系，乃是主体心灵的超越层面，即是一种形而上的超越体验。②

尤其值得一提的是，蒙培元的情感儒学是从中国哲学传统中归纳出来的，然而他对这种内向性的主体性哲学传统有所反思，主要表现在两个方面：一是它无意于发展外向性的认识论和科学，二是它无助于形成外在性的民主法治的社会制度。

蒙培元的情感儒学实可谓两千年来儒家主流哲学之大翻转，即颠覆了

---

① 蒙培元：《人与自然——中国哲学生态观》，人民出版社 2004 年第 1 版。

② 关于"情感可以上下其说"命题，参见蒙培元：《论理学范畴系统》，《哲学研究》1987 年第 11 期；《中国的德性伦理有没有普遍性》，《北京社会科学》1998 年第 3 期；《漫谈情感哲学》，《新视野》2001 年第 1 期、第 2 期连载；《情感与理性》，台湾《哲学与文化》第二十八卷十一期，2001 年 11 月版；《中国哲学的方法论问题》，《哲学动态》2003 年第 10 期；《关于中国哲学生态观的几个问题》，《中国哲学史》2003 年第 4 期；《人·理性·境界——中国哲学研究中的三个问题》，《泉州师范学院学报》2004 年第 3 期；《我的中国哲学研究之路》，《中国哲学与文化》第 2 辑，广西师范大学出版社 2007 年 11 月版；《中国哲学中的情感理性》，《哲学动态》2008 年第 3 期；《我的学术历程》，载《儒学中的情感与理性》，黄玉顺等主编，教育科学出版社 2008 年 12 月版。

以宋明儒学为代表的"性本情末""性体情用"的观念架构，回归孔孟的
情感本源观念。① 鉴于上述卓越的哲学成就，蒙培元的"情感儒学"与他
的导师冯友兰的"新理学"和他的后辈的"生活儒学"② 及"自由儒
学"③ 等一起，构成了当代中国哲学的"情理学派"④，在中国大陆和台湾
等地区具有重要影响，并在韩国及日本等具有国际影响。

　　① 崔发展：《儒家形而上学的颠覆——评蒙培元的"情感儒学"》，原载《中国传统哲学与现代化》，易小明主编，中国文史出版社 2007 年版；另见《情与理："情感儒学"与"新理学"研究——蒙培元先生 70 寿辰学术研讨集》）。
　　② 关于"生活儒学"，参见黄玉顺：《面向生活本身的儒学——黄玉顺"生活儒学"自选集》，四川大学出版社 2006 年版；《爱与思——生活儒学的观念》，四川大学出版社 2006 年版（四川人民出版社 2017 年增补本）；《儒家思想与当代生活——"生活儒学"论集》，光明日报出版社 2009 年版；《儒学与生活——"生活儒学"论稿》，四川大学出版社 2009 年版；《生活儒学讲录》，安徽人民出版社 2012 年版；《从"生活儒学"到"中国正义论"》，中国社会科学出版社 2017 年版。
　　③ 关于"自由儒学"，参见郭萍：《自由儒学的先声——张君劢自由观研究》，齐鲁书社 2017 年版；《"自由儒学"纲要——现代自由诉求的儒学表达》，《甘肃社会科学》2017 年第 4 期；《自由儒学："生活儒学"自由之维的开展》，《当代儒学》第 11 辑，广西师范大学出版社 2017 年版；《自由何以可能——从"生活儒学"到"自由儒学"》，《齐鲁学刊》2017 年第 4 期；《德性、自由与"有根的全球哲学"——关于"进步儒学"与"自由儒学"的对话》，《齐鲁学刊》2017 年第 4 期；《"自由儒学"导论——面向自由问题本身的儒家哲学建构》，《孔子研究》2018 年第 1 期；《蒙培元情感儒学对自由儒学的启发意义》，载《"情感儒学"研究：蒙培元先生学术研讨会实录》，四川人民出版社 2018 年版。
　　④ 胡骄键：《儒学现代转型的情理进路》，《学习与实践》2019 年第 4 期。

"情感超越"对"内在超越"的超越

——论情感儒学的超越观念[*]

【提要】蒙培元"情感儒学"的超越观念不同于牟宗三的"内在超越"观念，在于它是主体心灵境界的"自我超越"，即并不是存有论的超越观，而是境界论的超越观。不仅如此，情感儒学通过反思而超越"内在超越"，其自我超越乃是"情感超越"，而其中特别是"敬畏"的情感体验。当然，情感超越也可以说是一种更为广义的内在超越；因此，内在超越所存在的问题同时也是情感超越所存在的问题。最重大的问题是：内在超越或情感超越不能导向"神圣超越"，即会导致超越者的神圣性的丧失。为此，需要在"前主体性"的情感本源上重建超越观念，即建构现代性的神圣超越者。

超越（transcendence）问题是哲学界的一个重大问题，而"内在超越"（immanent transcendence）则是中国哲学界的一个热点问题。牟宗三先生最早提出中国哲学"内在超越"之说。此说从 20 世纪 80 年代开始在

---

　　* 本文作于 2020 年 2 月；原载《哲学动态》2020 年第 10 期，第 40－50 页；收入作者文集《唯天为大：生活儒学的超越本体论》，河北人民出版社 2022 年 12 月版，第 108－127 页。

中国哲学界广为流行；但与此同时，蒙培元先生却对"内在超越"之说进行了反思，并提出了他自己的独特的超越观念。众所周知，蒙先生的哲学思想是"情感哲学"或"情感儒学"①；而蒙先生的超越观，则可称之为"情感超越"（emotional transcendence）。他明确说："中国哲学更多地是讲情感的超越。"② 过去，蒙先生的情感哲学的超越论没有受到应有的重视；如今，在儒家情感主义复兴的背景下，本文尝试发掘和清理蒙先生的"情感超越"理论，并在此基础上进行更进一步的思考。

一、对"内在超越"说的赓续

所谓"超越"原是西方宗教哲学的概念，上帝是一个超越者（the Transcendent）。这就是说，"超越"的本义意味着外在性（externality）、神圣性（sacredness）。尤其是外在性，意味着超越者乃是在人的存在及其凡俗世界之外、之上的存在者。按此含义，中国哲学，特别是孔子之后的以心性论为主流的儒家哲学，确实可谓不具有超越性。

然而现代新儒家牟宗三为了凸显中国文化的主体性及其优越性，提出了"内在超越"之说。他在《中国哲学的特质》一书中说："天道高高在上，有超越的意义。天道贯注于人身之时，又内在于人而为人的性，这时天道又是内在的（Immanent）。因此，我们可以康德喜用的字眼，说天道一方面是超越的（Transcendent），另一方面又是内在的（Immanent 与

---

① 蒙培元先生将中国哲学特别是儒家哲学确定为"情感哲学"，学界将他的这种哲学思想称为"情感儒学"。参见黄玉顺等主编：《情与理："情感儒学"与"新理学"研究——蒙培元先生70寿辰学术研讨集》，中央文献出版社2008年版；《儒学中的情感与理性——蒙培元先生七十寿辰学术研讨会》，现代教育出版社2008年版；《人是情感的存在——蒙培元先生80寿辰学术研讨集》，北京大学出版社2018年版；《"情感儒学"研究——蒙培元先生八十寿辰全国学术研讨会实录》，四川人民出版社2018年版。

② 蒙培元：《从心灵问题看中西哲学的区别》，《学术月刊》1994年第10期，第7-11页。

Transcendent 是相反字)。天道既超越又内在，此时可谓兼具宗教与道德的意味，宗教重超越义，而道德重内在义。"① 此说的要点可概括为两点：中国哲学的特质是"内在超越"，它优越于西方宗教与哲学的"外在超越"（external transcendence）。

此说从 20 世纪 80 年代开始在中国大陆流行起来。在这样的思想潮流背景下，蒙先生也坚持中国哲学的超越性。他以中西比较的方式谈道："有人认为中国哲学缺乏超越，这是用西方哲学的超越解释中国哲学。其实，这是两种不同类型的超越。西方哲学更多地是讲认识的超越，在情感领域则多停留于经验、感性层次；中国哲学更多地是讲情感的超越，在认识方面则多停留于经验层次。"②

不仅如此，蒙先生关于中国哲学的超越性的言说，最初也是采取"内在超越"话语。例如：

关于孔子，蒙先生说："孔子提出了内在超越的思想，是因为他把仁说成一种很高的'德'，也就是把人的心理情感提升为某种超越的道德理性。"③ "（孔子的）'天命'既有道德含义，又有宗教意义，它是儒家道德形而上学的雏型，从这个意义上说，孔子是一位宗教改革家，其最大的改革就是以'天德'为'天命'。……人只要知德，就能知命，知德就是知命，知命便是最高的心灵境界。这就是'上达'。'上达'实际上是一种超越，但这是自我超越（有学者称之为内在超越，意思一样），不是向彼岸的超越。"④

关于孟子，蒙先生说："孟子的'大人之学'就是自我超越的形而上学，他所谓'大丈夫'精神就是自我超越的境界。……他提出的'吾善

---

① 牟宗三：《中国哲学的特质》，台湾学生书局 1974 年版，第 30 - 31 页。
② 蒙培元：《心灵超越与境界》，人民出版社 1998 年 12 月版，第 81 页。
③ 蒙培元：《中国心性论》，台湾学生书局 1990 年 4 月版，第 27 页。
④ 蒙培元：《从孔子的境界说看儒学的基本精神》，《中国哲学史》1992 年第 1 期，第 44 - 53 页。

养吾浩然之气'……这种'集义'功夫就是自我超越的过程。……这是一种内在超越,不是外在超越,是自我超越,不是非我的彼岸超越。"①

关于《周易》,蒙先生说:"(《易传》'生生之谓易'、'天地之大德曰生')这里所说的'生',不仅仅是、或主要不是从发生学的意义上说的,毋宁说是从本体论上说的。……也就是说,天地之道或阴阳之道,不仅是外在的自然规律或宇宙规律,而且具有内在超越性,它是被颠倒过来的目的性。"②

关于玄学,蒙先生说:"嵇康的'越名教而任自然',更是超越人的社会伦理而实现'自然'本体。由于他明确主张'形神合一',他的超越论更具有中国传统哲学的特点,即不离形体而又超越形体,不离现实而又超越现实,不离情感而又超越情感……由于'自然'内在于我,是我的真性情,所以,这是一种内在超越;又由于'自然'就是'大道',没有内外之分,是形而上者,所以,这又是真正的超越。"③

关于禅宗,蒙先生说:"所谓顿悟,有两方面意义。一是指'自心顿现',而不是'外修觅佛'。……这就是内修法。它不同于西方宗教的外在超越,而是一种内在超越。"④

蒙先生还提到,"当代新儒家的'内在超越'的理论虽然是从康德的说法而来,但是就中国哲学自身的发展而言,袁家骅早在二十年代就已经提出了"⑤,并引证袁家骅的说法"内在的超越的"⑥。

总之,在蒙先生看来,"中国哲学也有自己的形而上学,也主张超越。

---

① 蒙培元:《中国哲学主体思维》,东方出版社1993年8月版,第159-160页。
② 蒙培元:《中国心性论》,第27页。
③ 蒙培元:《玄学主体思维散论》,《魏晋南北朝文学与思想学术研讨会论文集》,台湾文史哲出版社1991年8月版,第395-413页。
④ 蒙培元:《禅宗心性论试析》,《中国社会科学院研究生院学报》1989年第3期,第60-67页。
⑤ 蒙培元:《情感与理性》,中国社会科学出版社2002年12月版,第406页。
⑥ 袁家骅:《唯情哲学》,上海泰东图书局1924年版,第16页。

但是，和西方哲学与西方宗教不同的是，由于中国哲学是以人为中心的人本主义哲学，因此，从根本上说，它是一种人学形上学，是关于人的存在的形上思维，这就决定了它是内在超越，是自我超越，不是外在的超越"①。

但我们必须同时注意到：蒙先生的"内在超越"之说，一开始就不是简单地等同于牟宗三先生等人的"内在超越"概念。这里应当特别留意的是蒙先生所提出的"自我超越"（self-transcendence）这个概念。他说：孟子"所谓'大丈夫'精神就是自我超越的境界。……这种'集义'功夫就是自我超越的过程……是自我超越，不是非我的彼岸超越"②；中国哲学"是自我超越，不是外在的超越"③；"总之，中国的心灵哲学是一种自我超越或内在超越的哲学，它在解决人类精神生活、提高精神境界方面，具有永久的价值和意义"④。

尽管蒙先生曾说过"自我超越""有学者称之为内在超越，意思一样"⑤，但实际上两者并不完全一样。蒙先生从"自我超越"维度来讲"内在超越"，不仅主要不是从存有论、而是从功夫论或境界论的角度来讲的，而且是基于他本人提出的哲学理论来讲的，这种理论就是以他的"情感哲学"来贯通的"主体思维"与"心灵境界"理论。所以，蒙先生说："这里所说的自我超越，包括外在超越，不只是当代新儒家所说的'内在超越'。'天人合一'就是自我超越的心灵境界，是内在与外在的统一。"⑥ 这就转向了对"内在超越"之说的反思与超越。

---

① 蒙培元：《主体思维》，蒙培元主编《中国传统哲学思维方式》第一章，浙江人民出版社1993年版，第5页。

② 蒙培元：《中国哲学主体思维》，东方出版社1993年8月版，第159-160页。

③ 蒙培元：《主体思维》，蒙培元主编《中国传统哲学思维方式》第一章，第5页。

④ 蒙培元：《中国的心灵哲学与超越问题》，《学术论丛》1994年第1期，第39-43页。

⑤ 蒙培元：《从孔子的境界说看儒学的基本精神》，《中国哲学史》1992年第1期，第44-53页。

⑥ 蒙培元：《中国文化与人文精神》，《孔子研究》1997年第1期，第4-14页。

二、对"内在超越"说的反思

早在 20 世纪 90 年代之初，蒙先生就开始对"内在超越"之说加以反思。

1990 年，在谈到薛瑄时，蒙先生就指出，中国哲学的内在超越，注重道德实践理性，忽视理论认知理性，这会带来问题。他说：

> 儒家的"内圣"之学强调内在超越，也就是道德本体的自我直觉、自我实现，并由此开出"外王"之学。这种以心为体以物为用、以内为体以外为用的思想，缺乏开放的心态，也限制了外在的理性精神，它追求一种理想境界、理想人格，却缺乏对现实问题的关切。……薛瑄把心即认识主体说成物质实体及其功能，否定其形而上的超越的存在意义，这是对理学的一个重要的修正和发展，并且对后来的罗钦顺、王夫之等人产生了重大影响。罗钦顺和王夫之，正是接受了发展了薛瑄的这一思想，把心说成经验论的认识之心，而不是先验论的道德"本心"，即本体之心。这一修正和发展的意义，不在于是否承认有道德本体即性理的存在，在于否定了直觉体验和内在超越的体证方法，从而赋予心以更多的认识论的意义。①

蒙先生在这里所批评的内在超越"缺乏开放的心态，也限制了外在的理性精神"，主要是指的它对"认识主体"的"认识之心"的遮蔽，以致无法建立科学的"认识论"。这里有两点是值得注意的：其一，蒙先生将儒家心性论的"内在超越"确定为"先验论"，这实际上蕴涵着一个判

---

① 蒙培元：《薛瑄哲学与理性主义》，《运城师专学报》1990 年第 1 期，第 3－10 页。

断，即牟宗三所批评的康德先验论其实也是"内在超越"的，这就意味着所谓"内在超越"其实并非中国哲学的特质①；其二，反之，薛瑄等人的"经验论"在否定"内在超越"的同时也存在着另外一个问题，即在"否定其（心）形而上的超越的存在意义"的同时，也解构了超越本身。

1994年，蒙先生继续这种反思，指出："中国哲学的心灵……要'上达天德'、'与天地同德'，必须经过纵向的自我超越（有人称为'内在超越'），在中国终于没有发展出'纯粹理性'、'纯粹认识'一类学说，更没有西方各种各样的认知结构学说以及方法论……中国哲学更多地是讲情感的超越，在认识方面则多停留于经验层次。"② 这仍然是从认识论和科学的角度来谈的。

同年，蒙先生的反思获得了进一步的拓展。他在论述"中国传统的情感哲学"时说：

> 传统哲学的这个特点同时也是它的缺点。由于传统哲学特别重视生命情感，由此建立了一套独特的哲学系统，它以情感体验为重要方法，以提高精神境界为根本任务，因而在理智层面缺乏特殊发展。……中国传统哲学发展了人的内在主体性……这也是一种自我超越（或内在超越）……中国传统哲学没有发展出外在的主体性，特别是缺乏理论理性的精神和兴趣，而这一点正是现代化所必须的。中国传统哲学更多地与美学、伦理学等人文科学相联系……在发展科学技术和建设民主政治方面，则有不可避免的局限性……它可以容纳科学民主，但不能开出科学民主。③

---

① 参见黄玉顺：《中国哲学"内在超越"的两个教条——关于人本主义的反思》，《学术界》2020年第2期，第68-76页。

② 蒙培元：《从心灵问题看中西哲学的区别》，《学术月刊》1994年第10期，第7-11页。

③ 蒙培元：《论中国传统的情感哲学》，《哲学研究》1994年第1期，第45-51页。

这就不仅涉及认识论与科学问题，而且涉及政治民主问题了。蒙先生总结道："总之，中国的心灵哲学是一种自我超越或内在超越的哲学……同时我们也要看到，中国的心灵哲学也有它的限定性，对此也需要进行适当的评价和批判，这样才能使它在现代社会中发出应有的光辉。"①

到1997年，蒙先生更鲜明地否定了"内在超越"。他说：

> 在我看来，西方文化倾向于"横向超越"（即"外在超越"），中国文化倾向于"纵向超越"（即"自我超越"，我不取"内在超越"的说法）。前者表现为自我赎救式的实践，后者表现为自我实现式的修养。②

这里，蒙先生明确表示"我不取'内在超越'的说法"，并在强调上文讨论过的"自我超越"概念的同时，提出了"纵向超越"概念。"纵向超越"（vertical transcendence）"表现为自我实现式的修养"，这正是上文谈到过的功夫论和境界论的视域。

继而在1998年出版的专著《心灵超越与境界》中，蒙先生说：

> 心灵是有层次的，有感性"知觉"之心，又有自我超越之心，有形而下之心，又有形而上之心，要"上达天德"、"与天地同德"，必须经过纵向的自我超越（有人称之为"内在超越"，容易产生逻辑上的问题），目的是实现"天人合一"的心灵境界。③

---

① 蒙培元：《中国的心灵哲学与超越问题》，《学术论丛》1994年第1期，第39－43页。

② 蒙培元：《中国意识与人文思考——蒙培元先生访谈录》，台湾《中国文化月刊》第210期，1997年9月版，第84－95页。

③ 蒙培元：《心灵超越与境界》，第81页。

这里所说的"逻辑上的问题",可惜蒙先生没有具体展开,笔者不清楚究竟所指,可能是说的"内在"与"超越"这两个概念的自相矛盾,因为按"transcendence"这个词的本义,对于人及其凡俗世界来说,"超越的"当然就是"外在的"。因此,李泽厚后来也指出"内在超越"这个措辞中"内在"与"超越"之间的互相矛盾。① 牟宗三本人其实也有这个意识,所以才会说"人的'精诚'所至,可以不断地向外感通……感通的最后就是与天地相契接……这种契接的方式显然不是超越的,而是内在的"②,并指出"Immanent 与 Transcendent 是相反字"③。因此,当他提出"内在超越"的时候,实际上是改变了"超越"这个词语的本义。

总之,蒙先生在用到"内在超越"这个词语时,往往只是"姑且"的说法,正如他在谈到叶适时所说,"他并没有走上'内在超越'(当代新儒家的说法,姑言之)之路"④。

我手头有蒙先生的一篇未刊文件《〈心灵超越与境界〉介绍》(作于2000 年 2 月 26 日),其中有更详尽的说明:

> 关于"超越"问题,我也进行了研究和论述,因为这是实现最高境界的重要途径。国外有些学者认为,中国哲学缺乏超越意识,我不同意这种观点。我认为,心灵境界的超越不同于西方式的超越,不是"外在超越";但也不使用"内在超越"(牟宗三)的说法,而是强调其"自我超越"。"内在超越"除语言表述上的问题之外,还有"实体论"的问题,而"自我超越"则没有这样的问题,因为它始终没有离开形体之我而又超越了形体我,

---

① 李泽厚:《由巫到礼,释礼归仁》,三联书店 2015 版,第 133 页。
② 牟宗三:《中国哲学的特质》,台湾学生书局 1974 年版,第 35 页。
③ 牟宗三:《中国哲学的特质》,第 30 - 31 页。
④ 蒙培元:《叶适的德性之学及其批判精神》,《哲学研究》2001 年第 4 期,第 65 - 70 页。

这是中国哲学的"辩证法"。至于超越的方式，中国哲学强调的是陶冶性情、培养道德情感以及生命体验和直觉，这在提升境界方面自有其价值。与此相联系的是，中国哲学虽不是宗教哲学，但又有一种宗教精神，这就是在"超越"中实现"天人合一"的境界。

这里，蒙先生明确表示自己"不使用'内在超越'（牟宗三）的说法，而是强调其'自我超越'"，并谈了"内在超越"所存在的几个问题：其一是"语言表述上的问题"，这应该就是指的上文谈到过的内在超越导致"逻辑上的问题"；其二是"'实体论'的问题"，即内在超越属于"西方式的实体论"，亦即"以建立世界的最后实体为目的"，所解决的是"对象世界的问题"，而不是中国哲学的"心灵境界"问题①；其三是"宗教精神"问题，内在超越牵扯到西方式的宗教哲学，而中国哲学则"有一种宗教精神"但"不是宗教哲学"（这个问题非常重大，本文将在第四节里讨论）。

这里值得讨论一番的是"实体论"问题，因为蒙先生批评"实体论"是直接针对牟宗三"内在超越"论的。蒙先生写过一篇《心灵与境界——兼评牟宗三的道德形上学》，讨论这个问题："中国哲学是实体论，还是境界论，二者有何区别？"文章指出：

> 牟宗三先生就是以实体论观点建构其道德形上学的。……他在"消化"康德的同时，也就吸收了实体论思想，并以此来解释中国的儒家哲学。其结果是，把康德的"物自体"说成是道德本体，同时又是宇宙本体，而本体就是实体。……"物自身"就是

---

① 蒙培元：《汉末批判思潮与人文主义哲学的重建》，《北京社会科学》1994年第1期，第73-79页。

"实体概念",即道德实体与宇宙实体。"'道德的形上学'云者,由道德意识所显露的实体以说明万物之存在也。因此,道德的实体同时即是形而上的实体,此是知体之绝对性。"① 这形而上的实体就是一切道德之源。②

蒙先生反对这样将中国哲学理解为实体论,指出:牟宗三所依托的"儒家哲学所说的'本心',原是指'仁心',即道德心,它同道德情感有密切不可分割的联系,在一定意义上就是指道德情感";儒家的"心本体论哲学,以道德心为本体心,但这不是从实体意义上说的,它既不是观念实体,也不是精神实体"。他说:"中国哲学从一开始就不是追问世界有没有实体以及什么是实体这类问题,而是追求心灵如何安顿的问题,也就是心灵境界问题。这就是说,中国哲学不是实体论的,而是境界论的。"蒙先生总结道:"心灵境界既然不是实体,也不能用实体论去解释,那么,它究竟是什么?我们说,它'不是什么',境界是一种状态,一种存在状态或存在方式。这种状态既是心灵的自我超越,也是心灵的自我实现。说它是'超越',是对感性存在而言的;说它是'实现',是对潜在能力而言的。超越到什么层次,境界便达到什么层次;实现到什么程度,境界便达到什么程度。"显然,蒙先生是以境界论来批评实体论:超越不是一个实体化的超越者,不论它是外在的还是内在的;而是主体在心灵境界上的自我超越。

---

① 牟宗三:《现象与物自身:执的存有论与无执的存有论》,见《牟宗三新儒学论著辑要》,中国广播电视出版社1992年版,第472-473页。
② 蒙培元:《心灵与境界——兼评牟宗三的道德形上学》,载《新儒家评论》第二辑,中国广播电视出版社1995年7月版,第64-82页。下同。

三、"情感超越"的内涵及其问题

蒙先生的"内在超越"之说虽然源于牟宗三先生的"内在超越"之说，但两者之间从一开始就存在着根本区别，这不仅体现在蒙先生不是从存有论、而是从主体的"自我超越"即提升心灵境界的视域来谈的，而且体现在蒙先生在谈超越问题时始终不离情感，可谓"情感超越"。蒙先生明确说："中国哲学更多地是讲情感的超越。"①

（一）"情感超越"的内涵

这里需要特别注意：蒙先生所说的"情感的超越"，并不是说的超越是"对情感的超越"（transcending emotion），而是说的超越是"情感性的超越"（emotional transcendence），即情感本身具有超越性，或者说超越是离不开情感的。蒙先生说："孔子提出了内在超越的思想……也就是把人的心理情感提升为某种超越的道德理性"②；"由于传统哲学特别重视生命情感，由此建立了一套独特的哲学系统，它以情感体验为重要方法，以提高精神境界为根本任务……这也是一种自我超越（或内在超越）"③。

这个超越观念，蒙先生后来收摄在他 1998 年提出的④"情感可以上下其说"这个重大命题之中，意思是说：情感"往上说"就是超越性的。此说的提出也与牟宗三先生有关，蒙先生说："情感可以'上下其说'。

---

① 蒙培元：《从心灵问题看中西哲学的区别》，《学术月刊》1994 年第 10 期，第 7-11 页。

② 蒙培元：《中国心性论》，台湾学生书局 1990 年版，第 27 页。

③ 蒙培元：《论中国传统的情感哲学》，《哲学研究》1994 年第 1 期，第 45-51 页。

④ 蒙培元：《中国的德性伦理有没有普遍性》，《北京社会科学》1998 年第 3 期，第 3-5 页。

牟宗三先生有'心可以上下其说'的说法,在我看来,情也可以如此说。"①"我很欣赏牟先生的一句话:'心可以上下其说。'……既然如此,那么'情'难道就不能上下其说吗?有各种各样的情感,有低层次的,有高层次的。"② 蒙先生论"情可上下其说"的地方很多,仅举数例:

> 我们说,情可以上下其说,就是指情感可以从下边说,也可以从上边说,这里所说的上、下,就是形而上、形而下的意思。情感是人的基本的存在方式,是人的存在在时间中的展开。从下边说,情感是感性的、经验的,是具体的实然的心理活动。从上边说,情感能够通过性理,具有理性形式。或者说,情感本身就是形而上的、理性的。③

> 情是可以"上下其说"的,往下说,是感性情感,与欲望相联系;往上说,是理性情感或者叫"情理",与天道相联系。④

> 人的存在亦即心灵存在的最基本的方式是什么呢?不是别的,就是生命情感。情感是最原始、最基本的,同时又是最"形而上"的,它是可以"上下其说"的。⑤

> 我曾经提出,"情可以上下其说",既可以从形而上的层面讲,也可以从形而下的层面讲,但是,无论从哪个层面讲,儒家

① 蒙培元:《漫谈情感哲学》,《新视野》2001 年第 1 期、第 2 期连载,第 47-49 页、第 39-42 页。

② 蒙培元:《我的学术历程》,《儒学中的情感与理性》,黄玉顺等主编,教育科学出版社 2008 年版。

③ 蒙培元:《漫谈情感哲学》,《新视野》2001 年第 1 期、第 2 期连载,第 47-49 页、第 39-42 页。

④ 蒙培元:《人·理性·境界——中国哲学研究中的三个问题》,《泉州师范学院学报》2004 年第 3 期,第 13-22 页。

⑤ 蒙培元:《我的中国哲学研究之路》,《中国哲学与文化》第 2 辑,广西师范大学出版社 2007 年 11 月版。

都是主张情理统一，而反对情理二分。这是一个基本的前提。①

简而言之，由于"情感是人的基本的存在方式"，因此，"往下说"，形而下的情感就是通常所说的"情感"亦即"感性情感"；"往上说"，形而上的情感乃是"理性情感"，通达"天道"，所以情感是超越性的。

蒙先生所说的"理性情感"之所谓"理性"，与康德的"实践理性"概念有关，他在2004年的未刊稿《儒学人文主义的特征及贡献》中说："在儒家看来，情感可以'上下其说'，从上面说，与'生生不息'的天道、天德相联系，是生命的本然状态……换句话说，情感能够是理性的，或者其本身就是理性的（实践理性）。"② 笔者注意到，实际上，蒙先生那里有两个"情感"概念：当他将"情感与理性"相对而言的时候，这个"情感"概念是指的"感性情感"；而当他讲"理性情感"的时候，这个"情感"概念涵盖了"情感与理性"，因为理性仅仅是形而上的（此指实践理性而非理论理性），而情感则是涵盖形而上与形而下的。

蒙先生在论述"情可上下其说"时，虽然没有直接提及"超越"，但实质上也是在讲超越问题：从感性情感向理性情感、从形而下向形而上的提升，就是心灵境界的提升，亦即蒙先生所强调的主体心灵的"自我超越"。

（二）"情感超越"的问题

以上讨论了蒙先生的"情感超越"思想及其对"内在超越"的超越，那么，怎样评价蒙先生的"情感超越"或"自我超越"思想呢？笔者以为，蒙先生的"情感超越"与牟宗三的"内在超越"的区别，可以说是情感主义与理性主义的区别；但如果纯粹地从超越的角度来看，"情感超

---

① 蒙培元：《中国哲学中的情感理性》，《哲学动态》2008年第3期，第19-24页。
② 蒙培元：《儒学人文主义的特征及贡献》，作于2004年，载《蒙培元全集》第十二卷，四川人民出版社2021年版。

越"也可以说是一种更为广义的"内在超越",因为"自我超越"尽管超越了理性与情感的对立,但并未超越内在的"自我"的主体心灵存在。正因为如此,"内在超越"所存在的问题同时也正是"情感超越"所存在的问题。

其实,蒙先生本人不仅对牟宗三先生的"内在超越"之说进行了反思,而且对他自己的"情感超越"思想也有所反省。例如,他说:

> 传统哲学的这个特点同时也是它的缺点。由于传统哲学特别重视生命情感,由此建立了一套独特的哲学系统,它以情感体验为重要方法,以提高精神境界为根本任务,因而在理智层面缺乏特殊发展。这是运用现代辩证思维反省批判传统哲学所应得出的结论,对此不必讳言。①

这就是说,"情感超越"尽管可以提升精神境界,但不利于发展"理智",即不利于发展客观的认识论与科学。这是蒙先生一贯强调的。

蒙先生不仅反思了内在超越与情感超越在发展认识论与科学方面存在的问题,还通过与西方哲学与宗教的比较而涉及了"外在神圣超越"(the external sacred transcendence)的问题。他说:

> 中国传统哲学发展了人的内在主体性,西方哲学则发展了人的外在主体性。……外在主体性则着眼于人的有限性与局限性,因此必须向外发展。一方面,人将自己的情感外在化为人格神,通过不断救赎(即原罪意识),最后实现与上帝同福,这是西方的宗教哲学与宗教文化;另一方面,则不断向外发展理性,认识世界,认识自然,从而发展出逻辑数学与实证科学,这是西方的

---

① 蒙培元:《论中国传统的情感哲学》,《哲学研究》1994年第1期,第45-51页。

科学哲学所关心的。①

这里除了"发展理性，认识世界，认识自然，从而发展出逻辑数学与实证科学"这样的认识论与科学问题之外，还有另外一个非常值得注意的重大问题，那就是关于"人格神"或"上帝"的信仰问题，即"神圣超越者"（the Sacred Transcendent）问题。这里，蒙先生对西方外在主体性的两个方面的分析，事实上揭示了宗教与科学或者说是信仰与理性的关系：两者并不总是对立的，而是可以统一的。

那么，理性与信仰究竟是怎样统一起来的呢？这与情感之间是何关系？这里，蒙先生有一句话是值得特别留意的，那就是"人将自己的情感外在化为人格神"②。这就是说，信仰是与情感密切联系的，神圣超越者是情感的产物。当然，即便如此，如果按照传统的"情感—理性"对立的思维模式，蒙先生关于信仰与理性统一的陈述仍然是站不住脚的；但是，按照蒙先生的"情感儒学"或"情感哲学"的思想，宗教与科学、信仰与理性的统一就是顺理成章的了，即正是情感使信仰与理性统一起来了，因为这里所说的"情感"不是与理性相对立的情感，而是涵摄了理性的情感，即不仅理性是情感的理性（emotional rationality），而且信仰是情感的信仰（emotional faith）。

四、情感对于神圣超越的意义

不过，以上的思考也会产生一些问题；尤其是将神圣超越的人格神视为情感的外在化的结果，这可能会引起争议。然而笔者认为，这里预示着一种深刻的思想；当然，前提是对"情感"的重新理解。否则，这就与

---

① 蒙培元：《论中国传统的情感哲学》，《哲学研究》1994年第1期，第45－51页。
② 蒙培元：《论中国传统的情感哲学》，《哲学研究》1994年第1期，第45－51页。

康德式的内在超越没有本质区别了，因为"上帝"在康德那里尽管不是内在的情感的产物，却也只不过是内在的实践理性的一个"公设"（postulate 或译"假定"）①。

（一）前主体性的情感观念

细读蒙先生的相关论述，"情感儒学"主要有这样几个关键词：主体、心灵、情感、境界。境界是情感的境界，情感是心灵的情感，心灵是主体的心灵。这样一来，情感儒学的根基其实并非"情感"，而是"主体"。笔者这个判断应该是符合蒙先生的思想实际的，因为他提出"主体思维"思想、"心灵哲学"思想和"情感哲学"思想大致是同步的："情感哲学"（1989 年）②；"主体思维"（1991 年）③；"心灵哲学"（1992年）④。这就是说，蒙先生的"情感哲学"或"情感儒学"仍属于"主体性哲学"的范畴。按此，情感就是主体的情感。

然而这样一来，最根本的问题是：不论内在超越还是情感超越，单凭主体的自我超越，必然导致超越者的神圣性的丧失。这是因为：无论如何，主体毕竟是人；而没有任何人是具有神圣性的，即没有任何人是至善

① 康德：《实践理性批判》，韩水法译，商务印书馆1999版，第136-144页。
② 蒙培元：《理学范畴系统》，人民出版社1989年版，第177、250、527页；《李退溪的情感哲学》，《浙江学刊》1992年第5期，第71-74页；《略谈儒家关于"乐"的思想》，载《中国审美意识的探讨》，宝文堂书店1989年5月版，第42-77页。当然，蒙先生第一次提到"情感哲学"是在《论理学范畴"乐"及其发展》（《浙江学刊》1987年第4期，第34-41页），但只是偶然提及。
③ 蒙培元：《论中国哲学主体思维》，《哲学研究》1991年第3期，第50-60页。此外还有蒙先生的专著《中国哲学主体思维》，东方出版社1993年8月出版。
④ 蒙培元：《李退溪的心性哲学》，载《韩国学论文集》第1辑，社会科学文献出版社1992年版，第137-150页。另见：《心灵与境界——朱熹哲学再探讨》，《中国社会科学院研究生院学报》1993年第1期，第12-19页；《朱熹的心灵境界说》，载《国际朱子学会议论文集》，台湾"中研院"中国文哲研究所筹备处编，1993年5月，第419-435页；《汉末批判思潮与人文主义哲学的重建》，《北京社会科学》1994年第1期，第73-79页；《中国的心灵哲学与超越问题》，《学术论丛》1994年第1期，第39-43页。

而全能的。因此，这就带来严重的问题："上帝死了"①，"这意味着以天为主宰转向以人为主宰"②，于是超越变成了僭越，即人自己充当了超越者，可以随顺自己的情感、凭借自己的理性而为所欲为。这正是近代人本主义（humanism）兴起以来出现种种问题的重要缘由，这种人本主义甚至可以追溯到"轴心时代"（the Axial Age）哲学的兴起。③ 人本主义的本质就是人取代神圣超越者，人的主体性试图充当宇宙的本体。④

所以，20 世纪的思想前沿旨在解构主体，其发问方式"存在者何以可能"便蕴涵着"主体性何以可能"这样的发问。海德格尔曾批评康德的主体性哲学，指出："在他那里没有以此在为专题的存在论，用康德的口气说，就是没有先行对主体之主体性进行存在论分析。"⑤ 所谓"以此在为专题的存在论"是说的海德格尔自己的那种"其它一切存在论所源出的基础存在论（Fundamentalontologie）"⑥，即通过分析"此在"（Dasein）的"生存"（Existenz）去追寻"存在"（Sein）的意义；我曾讲过，这其实仍然没有超出主体性哲学的藩篱，因为"此在"毕竟还是一种存在者，尽管是一种特殊的存在者，而其特殊性恰恰在于人区别于动物的特性——主体性。⑦ 不过，海德格尔的论述所蕴涵的一种思想却是极为深邃的：要理解存在者，就必须回到前存在者；要理解主体性，就必须回到前主体性（pre-subjectivity）。

---

① 尼采：《上帝死了》，上海三联书店 2007 年版。

② 蒙培元：《从孔子的境界说看儒学的基本精神》，《中国哲学史》1992 年第 1 期，第 44-53 页。

③ 雅斯贝斯：《历史的起源与目标》，华夏出版社 1989 年版，第 10 页。

④ 参见黄玉顺：《中国哲学"内在超越"的两个教条——关于人本主义的反思》，《学术界》2020 年第 2 期，第 68-76 页。

⑤ 海德格尔：《存在与时间》，陈嘉映、王庆节译，三联书店 1999 年第 2 版，第 28 页。

⑥ 海德格尔：《存在与时间》，第 16 页。

⑦ 黄玉顺：《论生活儒学与海德格尔思想——答张志伟教授》，《四川大学学报》2005 年第 4 期，第 42-49 页。

正因为如此,在情感问题上,我提出了前主体性的"本源之情",以区别于"形下之情"与"形上之情"。① 蒙先生所讲的"情可上下其说"正是讲的形上之情与形下之情,也就是说,"情感超越"其实就是形上之情;宋明理学所讲的"性—情"之"情"则仅仅是形下之情,而其形上之"性"则被蒙先生诠释为形上之情。这是理解蒙先生的"情感哲学"及"情感超越"的关键所在:以"形上之情"去解构和颠覆宋明理学的"性本情末"传统观念。然而根据20世纪的思想前沿,不论形而下者还是形而上者都是存在者,都渊源于前存在者的存在;因此,就必须回溯到前存在者、前主体性的本源之情。

关于这种本源之情,我曾借用庄子的话语来讲:形下之情是"人之情",而本源之情则是"事之情"。② 换一种说法,这种尚未存在者化的前主体性的"情"乃是"情感"与"实情"的同一。③ 此"情"在英文里找不到对应词,只能音译为"Qing"。要之,这已经不是流俗意义上的"情感"概念。程颐所谓"体用一源,显微无间"④,可以在这个意义上理解:形上之性、体,形下之情、用,皆源出于本源之情。

当然,这种本源之情毕竟还是要显现为情感。其实,区分一种情感究竟是主体的情感、还是前主体性的情感,并不在于这是不是人的情感,而在于这种情感对于主体的意义。这里有必要谈一谈究竟何为"前主体性"的情感、"前存在者"的存在。任何人总是已经具有了某种既定的主体性的存在者,问题在于:当某种情感发生时,这种情感是不是使得既定主体性发生了改变?如果发生了改变,即意味着这个人获得了新的主体性,亦即成为一个新的主体。那么,对于主体₁来说,情感只是主体的情感;然

① 黄玉顺:《爱与思——生活儒学的观念》增补本,四川人民出版社2017年版,第63-72页。
② 黄玉顺:《爱与思——生活儒学的观念》,第63-68页。
③ 黄玉顺:《儒家的情感观念》,《江西社会科学》2014年第5期,第5-13页。
④ 程颐:《周易程氏传·序》,见《二程集》,中华书局2004年版。

而对于主体₂来说，情感就是前主体性的情感，因为正是这种情感生成了这个主体。这样才能回答"主体性何以可能""存在者何以可能"的问题。在这个意义上，我们就可以说：不是主体的情感，而是情感生成了主体；不是存在者的存在，而是存在给出了存在者。

这个道理当然同样适用于关于超越者的问题。神圣超越者也是一种存在者，即是一个形而上的存在者；而且不是内在的超越者，而是外在的超越者；不是哲学上的理性的存在者，而是信仰中的神性的存在者。按照上述道理，我们就可以这样来思考问题：不是神圣超越者使我们产生了某种情感，而是某种情感给出了这个神圣超越者。于是，我们可以追问：究竟是怎样的情感生成了神圣超越者？

（二）敬畏情感与神圣超越者的复甦

怎样的情感给出了神圣超越者，这当然是一个非常复杂的问题。但毫无疑问，"敬畏"（awe）是一种尤其重要的情感。这种敬畏并非海德格尔所说的"畏"，更不是他所说的"怕"。关于这种敬畏，我们不妨看看孔子的说法：

> 子曰："君子有三畏：畏天命，畏大人，畏圣人之言。"①

对这种"畏"，邢昺解释："心服曰'畏'"；"'畏天命'者，谓作善，降之百祥；作不善，降之百殃"；"天命无不报，故可畏之"。② 朱熹解释："畏者，严惮之意也"；"知其可畏，则其戒谨恐惧，自有不能已者"。③ 这些解释主要包含两层内容：一层讲"畏"的原因，即"天"能够奖善惩恶、赐福降灾，可见"天"是有意志的人格神，"天命"即其意

---

① 《十三经注疏·论语注疏·季氏》，中华书局1980年影印版。
② 《论语注疏·季氏》。
③ 朱熹：《四书章句集注·论语·季氏》，中华书局1983年版。

志；一层讲"畏"的情感体验，即人对天的意志感到"心服"而"严惮"或"戒谨恐惧"，其实就是"敬畏"，因而不敢恣意妄为。

蒙先生也认为，孔子所说的"畏"即敬畏。他说："'畏天命'则是对自然界的神圣性的敬畏。"① 尽管这里"自然界"的说法可以商榷，因为孔子之"天"分明就是一个纯粹外在的神圣超越者；但将"畏"理解为对"神圣性"的"敬畏"则无疑是确切的。所以，蒙先生也说过，孔子的"'天命'既有道德含义，又有宗教意义……从这个意义上说，孔子是一位宗教改革家……"② "'敬畏天命'就是儒家的宗教精神的集中表现"③；"中国哲学有敬畏天命的思想，有报本的思想。这就是中国哲学中的宗教精神"④。蒙先生还在其专著《人与自然》里专列了一章"儒家生态观中的宗教问题"，提出"儒学是自然宗教"⑤。

孔子所说的"大人"和"圣人"是同一个意思，即何晏注："大人，即圣人。"⑥ 那么，为什么要敬畏圣人、圣人之言呢？那是因为圣人乃是神圣超越者的世俗代言人，正如"圣"字的结构透露出来的信息：圣人以"耳"倾听天命，以"口"言说天命。因此，敬畏圣人之言其实并非敬畏其"人"其"言"，而是敬畏"天命"。

这里必须指出：这类传统的解释固然没错，但已经是存在者化的理解了，即是先已相信"天"这样的神圣超越者的存在，然后才对"天"产生敬畏的情感体验。这样一来，情感并不具有本源的意义。然而我们也可

---

① 蒙培元：《"天人合一论"对人类未来发展的意义》，《齐鲁学刊》2000年第1期，第4-7页。
② 蒙培元：《从孔子的境界说看儒学的基本精神》，《中国哲学史》1992年第1期，第44-53页。
③ 蒙培元：《为什么说中国哲学是深层生态学》，《新视野》2002年第6期，第42-46页。
④ 蒙培元：《中国学术的特征及发展走向》，《天津社会科学》2004年第1期，第11-16页。
⑤ 蒙培元：《人与自然——中国哲学生态观》，人民出版社2004年版，第85页。
⑥ 《论语注疏·季氏》。

以按上文所讲的前存在者、前主体性的观念加以理解。事实上，人类从原始时代一直到今天，不论其宗教信仰是什么，甚至也不论其是否具有宗教信仰，都会在某些生活情境中产生一种情感体验，即感到某种"莫名"的畏怯而敬服，从而恐惧戒慎，因而不敢为所欲为；然而这种情感体验未必指向某个具体的对象，既非某个形而下者，亦非某个形而上者，而恰恰是未知的。这种情感体验类似《中庸》所说的"戒慎乎其所不睹，恐惧乎其所不闻"，郑玄解释为"虽视之无人，听之无声，犹戒慎恐惧"①；朱熹解释为"君子之心，常存敬畏，虽不见闻，亦不敢忽"②。尤其朱熹，点出了"敬畏"二字。这样的情感体验，即"敬畏感"（the sense of awe）。

这就是说，作为一种情感体验的敬畏感乃是先于敬畏对象而存在的；换言之，作为敬畏对象的神圣超越者乃是敬畏情感的对象化的结果。这也可以从另一种生活实情中得到印证：一个原来没有宗教信仰的无神论者之所以皈依宗教、相信神圣超越者，通常都是因为他在某种生活情境中产生了某种情感体验，特别是敬畏感。这就表明，对于他这个人来说，神圣超越者的存在是由敬畏的情感给出的。这也符合当代最前沿的思想观念，即对"存在者何以可能""主体性何以可能"这样的追问的回答：是存在给出了存在者，是生活造就了主体性。

唯其如此，我们才能理解何以不同时代、不同地域的人们会有不同的神祇，那是因为不同的生活方式会有不同的情感对象化的方式，会有不同的神圣超越者的建构。即以刚才所举的"戒慎乎其所不睹，恐惧乎其所不闻"为例，轴心时代的《中庸》作者将其领悟为"道"，而理学时代的朱熹却将其领悟为"理"（天理）。不仅如此，两者皆属于轴心时代发生"哲学突破"（Philosophic Breakthrough）以后的"内向超越"（inward tran-

---

① 《十三经注疏·礼记正义·中庸》。
② 朱熹：《四书章句集注·中庸》。

scendence)的理性化的"天"①,即不同于周公、孔子对神圣超越者的领会,因为"孔子的天十分近似于周公的天,尽管人格化程度有所降低,但相当程度上仍然是一个具有意志的人格神"②。

这就涉及神圣超越者的时代性问题了。现代性的神圣超越者乃是在现代性的生活方式、生活情境、生活情感、生活领悟中生成的。即以西方而论,宗教改革之前与之后的"God"其实并非同一个超越者。再就中国而论,现代性的神圣超越者必定既不是殷墟卜辞的"帝",也不是西周时代的"天",更绝不是秦汉以来纷纷扰扰的"众神"。关于现代性的神圣超越者,这是需要另文讨论的问题。

综括全文,蒙培元先生"情感儒学"的超越观念不同于牟宗三先生的"内在超越"观念,在于它是主体心灵境界的"自我超越",即并不是存有论的超越观,而是境界论的超越观。不仅如此,情感儒学通过反思而超越"内在超越",其自我超越乃是"情感超越",而其中特别是"敬畏"的情感体验。当然,情感超越也可以说是一种更为广义的内在超越;因此,内在超越所存在的问题同时也是情感超越所存在的问题。最重大的问题是:内在超越或情感超越不能导向"神圣超越",即会导致超越者的神圣性的丧失。为此,需要在"前主体性"的情感本源上重建超越观念,即建构现代性的神圣超越者。

---

① 余英时:《论天人之际:中国古代思想起源试探》,台北联经出版事业股份有限公司2014年3月版,第七章"结局:内向超越",第2页、第221-229页。

② 赵法生:《儒家超越思想的起源》,中国社会科学出版社2019年版,第9页。

《蒙培元全集》编辑说明 *

○《蒙培元全集》收录了迄今所能搜集到的蒙培元先生的全部著述，包括专著、论文，以及其他文章、文字，如散文、诗歌等（未收书信）。

○这些著述，绝大多数是公开发表、出版过的。此外还收录了一些未公开发表过的文字，因为它们是具有思想学术价值的。

○有些论文在发表时有"提要"或"摘要"，予以保留，因为它们往往是蒙先生所亲撰，对于全文来说具有概括作用，对于读者来说具有参考价值。

○有的单篇论文，后来收录为专著中的章节；有的专著中的章节，后来抽出来作为单篇文章发表。这些看似重复的文字，除去完全雷同的以外，也都予以收录，因为它们的文字之间是有差异的（有的甚至是较大幅度的改写），这种差异体现了蒙先生思想观点上的一些变化发展，这恰恰是值得研究的。

○这些著述的编排方式，大致按时间先后顺序排列，以便读者研究蒙先生思想学术的变化与发展：凡公开发表过的，都按发表的时间先后排列；未公开发表过的，则按写作的时间先后排列。

○原文注释予以保留，凡随文夹注、尾注均改为脚注；编者注释则以"——编者"标明。

---

* 本文作于 2020 年 6 月；见《蒙培元全集》（全十八卷），黄玉顺、杨永明、任文利主编，四川人民出版社 2021 年 12 月版，第 1 页。

《蒙培元易学论文集》编者前言[*]

本书是当代著名哲学家蒙培元先生的易学著述的结集。

蒙先生的易学研究，大致可以分为以下三个阶段，本书据此分为三编：

上编：1980 年以来。蒙先生的哲学研究是从宋明理学研究开始的，第一篇论文是《论王夫之的真理观》（1980 年）；同时也延伸到整个中国哲学史研究，最早的文章是《中国哲学史方法论几个问题的争论》（1982年）。与此相应，蒙先生的易学研究也涵摄在中国哲学史研究、特别是宋明理学研究之中，最早的标志性论文是《"言意之辨"及其意义》（1983年）；蒙先生第一篇专题研究《周易》的论文《周易的天人哲学》（1989年）也属于这种哲学史研究。

中编：1991 年以来。蒙先生的哲学研究开始形成独立的哲学思想，特别是"主体思维"的思想，其标志性成果是论文《论中国哲学主体思维》（1991 年）、专著《中国哲学主体思维》（1993 年）。与此相应，蒙先生的易学研究也呈现出"主体思维"的特征，标志性论文是《〈易经〉的整体主体思维》（1992 年）。

下编：1998 年以来。蒙先生的哲学思考开始转向"自然生态"问题，

---

* 本文作于 2021 年 8 月；见《〈周易〉经典诠释与"情感儒学"建构——蒙培元易学论文集》，四川人民出版社 2022 年 3 月版，第 1－2 页。

较早的标志性论文是《良知与自然》（1998 年）、《从孟子"仁民爱物说"看儒家生态观》（1999 年）。与此相应，蒙先生的易学研究也开始关注自然生态问题，最早的标志性论文是《天·地·人——谈〈易传〉的生态哲学》（2000 年）。

但是，蒙先生的哲学思想决不能因中编的内容而被归结为"主体哲学"或"主体儒学"，也不能因下编的内容而被归结为"生态哲学"或"生态儒学"。为此，本书最后附录了两篇论文：一篇是蒙先生自己的《作为情感哲学的中国哲学》；一篇是编者的《情感儒学：当代哲学家蒙培元的情感哲学》，特别指出："他的哲学思想有'主体''心灵''超越''境界'与'自然'这几个最重要的关键词，并由'情感'贯通起来，由此呈现出独具一格的'情感儒学'（他自己称之为'情感哲学'）。"

蒙先生"情感儒学"的思想酝酿很早，如《李退溪的情感哲学》（1988 年）；但其成熟大致是在 20 世纪 90 年代早期，标志性成果是论文《论中国传统的情感哲学》（1994 年）、《中国的情感哲学及其现代意义》（1995 年）、《漫谈情感哲学》（2001 年）、《情感与理性》（2001 年）、《中国情感哲学的现代发展》（2002 年）、《人是情感的存在——儒家哲学再阐释》（2003 年）、《理性与情感——重读〈贞元六书〉、〈南渡集〉》（2007 年）、《中国哲学中的情感理性》（2008 年）等，以及专著《情感与理性》（2002 年）。

因此，如果要研究蒙先生的易学思想，应当以中编、下编为主要依据，同时应当注意兼顾由"情感"一以贯之的"主体""心灵""超越""境界"与"自然"等问题。

蒙培元"情感哲学"略谈

——蒙培元哲学思想研讨会暨《蒙培元全集》出版发布会致辞[*]

各位师友、各位学者：上午好！

值此《蒙培元全集》出版之际，我们举行蒙培元哲学思想研讨会，十分感谢各位师友的支持和参与。

蒙先生从 1980 年 9 月发表论文《论王夫之的真理观》[①]，到 2017 年 4 月发表访谈录《情感与自由》[②]，数十年来，在中国哲学史的研究、特别是宋明理学和孔孟儒学的研究中，逐步呈现出他自己的哲学思想体系，他自己称之为"情感哲学"，学界称之为"情感儒学"。

早在 1987 年，蒙先生就提出了"情感哲学"的概念。[③] 他当时就提出了一个命题："儒家哲学就是情感哲学。"[④] 这里应当指出的是：强调情

---

[*] 本文原载《当代儒学》第 21 辑，四川人民出版社 2022 年 11 月版，第 3—6 页。本文是作者在"蒙培元哲学思想研讨会暨《蒙培元全集》出版发布会"上的致辞，会议由四川思想家研究中心、中国社会科学院哲学研究所、山东大学儒学高等研究院、四川人民出版社联合主办，于 2021 年 12 月 25 日在山东大学举行。

[①] 蒙培元：《论王夫之的真理观》，载《中国哲学史论文集》第二辑，山东人民出版社 1980 年 9 月版，第 384—404 页。

[②] 蒙培元、郭萍：《情感与自由——蒙培元先生访谈录》，《社会科学家》2017 年第 4 期，第 3—6 页。

[③] 蒙培元：《论理学范畴"乐"及其发展》，《浙江学刊》1987 年第 4 期，第 34—41 页。

[④] 蒙培元：《论理学范畴系统》，《哲学研究》1987 年第 11 期，第 38—47 页。

感的简帛文献《性自命出》，到 1993 年才出土，到 1998 年才正式出版，此时距离蒙先生提出"情感哲学"已经十一年过去了。① 到 1994 年，蒙先生已将"情感哲学"的概念从儒家哲学扩展到了整个中国哲学，发表了《论中国传统的情感哲学》②；进而探讨了中国情感哲学的现代价值，发表了《中国的情感哲学及其现代意义》③。到 1998 年，即《性自命出》出版时，蒙先生出版了情感哲学的专著《心灵超越与境界》④；2002 年，蒙培元又出版了情感哲学的总结性专著《情感与理性》⑤。可以说，这些年中国哲学、尤其是儒家哲学中出现"情感转向"⑥，蒙先生起到了发动和推进的重大作用。

在研究中国哲学史的过程中，出于对人的存在、人与自然的关系等重大问题的深沉关切，蒙先生逐步形成了他自己的"情感哲学"或"情感儒学"的哲学思想体系。关于这个体系，我曾做过这样的概括："他的哲学思想有'主体''心灵''超越''境界'与'自然'这几个最重要的关键词，并由'情感'贯通起来。"⑦

仅就情感观念而论，蒙先生的情感哲学既是存在论的，亦是境界论

---

① 荆门市博物馆：《郭店楚墓竹简》，文物出版社 1998 年版。
② 蒙培元：《论中国传统的情感哲学》，《哲学研究》1994 年第 1 期，第 45－51 页。
③ 蒙培元：《中国的情感哲学及其现代意义》，载《中国智慧透析》，华夏出版社 1995 年 7 月版，第 160－168 页。
④ 蒙培元：《心灵超越与境界》，人民出版社 1998 年 12 月版。
⑤ 蒙培元：《情感与理性》，中国社会科学出版社 2002 年版。
⑥ 2018 年 3 月 18 日，"儒学现代转型中的情感转向"全国学术研讨会暨蒙培元先生八十寿辰学术座谈会在北京举行。参见郭萍：《儒学现代转型中的情感转向——蒙培元先生八十寿辰学术研讨会综述》，载《光明日报》2018 年 4 月 17 日国学版；黄玉顺、杨永明、任文利主编：《人是情感的存在——蒙培元先生 80 寿辰学术研讨集》，北京大学出版社 2018 年版；何刚刚：《当代儒学的情感转向——兼对一桩学术公案的澄清》，《周易研究》2021 年第 1 期，第 106－112 页。
⑦ 黄玉顺：《情感儒学：当代哲学家蒙培元的情感哲学》，《孔子研究》2020 年第 4 期，第 43－47 页。

的。存在论方面，蒙先生提出的最重大命题是"人是情感的存在"①、"情感是人的基本的存在方式"②。境界论方面，最鲜明地体现于蒙先生提出的重要命题"情可上下其说"③：往下说，情感与生理心理相联系，是主体心灵的感性层面，这是形而下的自然情感；往上说，情感与实践理性相联系，是主体心灵的超越层面，这是经由道德情感或理性情感并超越之而达到的形而上的超越情感。

以这种情感观念为核心，蒙先生广泛研究了主体、心灵、超越、自然等问题，形成了一个丰富多彩的立体的思想网络：首先是"主体"问题，1991 年发表论文《论中国哲学主体思维》④，随之陆续发表了一系列文章，并于 1993 年出版了专著《中国哲学主体思维》⑤；然后是"心灵"问题，1993 年发表论文《心灵与境界——朱熹哲学再探讨》⑥，随之也发表了一系列文章，并于 1998 年出版了专著《心灵超越与境界》⑦；然后是"超越"问题，1994 年发表论文《中国的心灵哲学与超越问题》⑧，随之

① 蒙培元：《人是情感的存在——儒家哲学再阐释》，《社会科学战线》2003 年第 2 期，第 1-8 页。

② 蒙培元：《换一个视角看中国传统文化》，载《亚文——东亚文化与 21 世纪》第 1 辑，中国社会科学出版社 1996 年版，第 297-313 页。

③ 关于"情可上下其说"命题，参见蒙培元：《论理学范畴系统》，《哲学研究》1987 年第 11 期；《中国的德性伦理有没有普遍性》，《北京社会科学》1998 年第 3 期；《漫谈情感哲学》，《新视野》2001 年第 1、2 期连载；《情感与理性》，台湾《哲学与文化》第二十八卷十一期，2001 年版；《中国哲学的方法论问题》，《哲学动态》2003 年第 10 期；《关于中国哲学生态观的几个问题》，《中国哲学史》2003 年第 4 期；《人·理性·境界——中国哲学研究中的三个问题》，《泉州师范学院学报》2004 年第 3 期；《我的中国哲学研究之路》，《中国哲学与文化》第 2 辑，广西师范大学出版社 2007 年版；《中国哲学中的情感理性》，《哲学动态》2008 年第 3 期；《我的学术历程》，载《儒学中的情感与理性》，黄玉顺等主编，教育科学出版社 2008 年版。

④ 蒙培元：《论中国哲学主体思维》，《哲学研究》1991 年第 3 期。

⑤ 蒙培元：《中国哲学主体思维》，东方出版社 1993 年版。

⑥ 蒙培元：《心灵与境界——朱熹哲学再探讨》，《中国社会科学院研究生院学报》1993 年第 1 期。

⑦ 蒙培元：《心灵超越与境界》，人民出版社 1998 年版。

⑧ 蒙培元：《中国的心灵哲学与超越问题》，《学术论丛》1994 年第 1 期。

也发表了一系列文章，最终也总结于专著《心灵超越与境界》；然后是"自然"问题，1996年发表论文《自由与自然——庄子的心灵境界说》①，1998年发表了论文《良知与自然》②，随之也发表了一系列文章，并于2004年出版了专著《人与自然——中国哲学生态观》③。

在这些研究成果中，蒙先生对"超越"问题（涉及宗教问题）和"自由"问题（涉及政治哲学问题）的研究是值得我们今天特别关注的，我在这里就不具体展开了。

最值得注意的是：蒙先生的"情感境界论"，或"自我超越的境界论"④，已实质性地蕴含着20世纪以来的一种最前沿的思想视域，即前主体性、前存在者的观念。⑤ 这是因为：主体自我超越到一个更高的境界，即意味着获得了新的主体性；那么，对于这个新的主体、新的存在者来说，此前的超越活动或"功夫"就是前存在者、前主体性的存在。

正因为蒙先生的上述哲学思想成就，进入新世纪以来，学界已经出现

---

① 蒙培元：《自由与自然——庄子的心灵境界说》，载《道家文化研究》第10辑，上海古籍出版社1996年版。

② 蒙培元：《良知与自然》，《哲学研究》1998年第3期。

③ 蒙培元：《人与自然——中国哲学生态观》，人民出版社2004年版。

④ 蒙培元：《理学范畴系统》，人民出版社1989年版，第435页；《心灵与境界——兼评牟宗三的道德形上学》，载《新儒家评论》第二辑，中国广播电视出版社1995年版，第64-82页；《心灵超越与境界》，人民出版社1998年版，第72-78页、第406-416页。

⑤ 参见黄玉顺：《前主体性对话：对话与人的解放问题——评哈贝马斯"对话伦理学"》，《江苏行政学院学报》2014年第5期，第18-25页；《前主体性诠释：主体性诠释的解构——评"东亚儒学"的经典诠释模式》，《哲学研究》2019年第1期，第55-64页；《前主体性诠释：中国诠释学的奠基性观念》，《浙江社会科学》2020年第12期，第95-97页；《如何获得"新生"？——再论"前主体性"概念》，《吉林师范大学学报》2021年第2期，第36-42页。

了研究蒙培元哲学思想的文章百篇以上、文集四种。① 这种研究还将继续深入下去,我们今天举行的会议就是一个明证。

最后,再次感谢各位师友的参与!

---

① 见《蒙培元全集》第十八卷,附录二《蒙培元研究文献总目》。文集四种包括:《情与理:"情感儒学"与"新理学"研究——蒙培元先生70寿辰学术研讨集》,黄玉顺、彭华、任文利主编,中央文献出版社2008年2月版;《儒学中的情感与理性——蒙培元先生七十寿辰学术研讨会》,黄玉顺、任文利、杨永明主编,现代教育出版社2008年12月版;《人是情感的存在——蒙培元先生80寿辰学术研讨集》,黄玉顺、杨永明、任文利主编,北京大学出版社2018年3月版;《"情感儒学"研究——蒙培元先生八十寿辰全国学术研讨会实录》,黄玉顺主编,四川人民出版社2018年6月版。

情本易学

——《周易》的"情感儒学"诠释*

【提要】"情感儒学"思想在易学上的体现,可称之为"情本易学",即以"情感"观念一以贯之地落实于对《周易》的诠释之中。由此出发,情感儒学展开了情本易学的心灵主体论、境界超越论和自然生态论。情本易学的心灵主体论建基于"人是情感的存在"命题,揭示作为心灵主体的人的情感主体性在《周易》中的体现。情本易学的境界超越论揭示《周易》所蕴含的境界超越观念,即人的存在的心灵境界特征,以及这种境界是如何通过情感主体的自我超越而实现的。情本易学的自然生态论揭示《周易》自然观念的"大生命"本质,穷究"天人之际"的生态关系,最终达到"天人合一"的情感境界。

中国哲学界众所周知,当代著名哲学家蒙培元先生建构了学界称之为"情感儒学"的哲学思想体系(他自己称之为"情感哲学")。笔者曾指出:"他的哲学思想有'主体''心灵''超越''境界'与'自然'这几

---

* 本文作于 2022 年 5 月;原载《周易研究》2022 年第 3 期,第 5-16 页。

个最重要的关键词，并由'情感'贯通起来。"① 这个哲学思想体系同时也贯彻在对《周易》的诠释中，形成了独特的"《周易》的情感儒学诠释"。如果说蒙先生的哲学思想整体是"情感儒学"，那么，他的易学思想就是"情本易学"。有鉴于此，笔者编辑出版了《蒙培元易学论文集》，并在"编者前言"中特别加以说明："如果要研究蒙先生的易学思想，应当以中编、下编为主要依据，同时注意兼顾由'情感'一以贯之的'主体''心灵''超越''境界'与'自然'等问题。"② 为此，笔者特撰此文加以说明。

一、《周易》的情本论诠释

众所周知，宋明理学兴起以来，儒家哲学派别中有气本论、理本论、心本论等。蒙先生的哲学思想则是独树一帜的情本论；而且，这种情本论不同于李泽厚的"情本论"③，本质上是真正儒家的"仁本论"④。

正是基于这样的情本论，蒙先生对《周易》进行了一种创造性的诠释。情感儒学在易学上的这种体现，可称之为"情本易学"，即以"情感"观念一以贯之地落实于对《周易》的诠释之中。这种"情本易学"并不只是对《周易》中涉及情感的内容进行诠释，而是以情感作为根本观念来诠释整部《周易》。

---

① 黄玉顺：《情感儒学：当代哲学家蒙培元的情感哲学》，《孔子研究》2020年第4期，第43-47页。

② 蒙培元：《〈周易〉经典诠释与"情感儒学"建构——蒙培元易学论文集》，黄玉顺编，四川人民出版社2022年版，"编者前言"，第2页。

③ 参见黄玉顺：《关于"情感儒学"与"情本论"的一段公案》，《当代儒学》第12辑，广西师范大学出版社2017年版，第173-177页；何刚刚：《当代儒学的情感转向——兼对一桩学术公案的澄清》，《周易研究》2021年第1期，第106-112页。

④ 参见陈来：《蒙培元学术发展的路向与情感观念的特质》，《"情感儒学"研究——蒙培元先生八十寿辰全国学术研讨会实录》，黄玉顺主编，四川人民出版社2018年版，第17-19页。

　　蒙先生的情本易学乃是"接着讲"他的导师冯友兰先生的易学思想。蒙先生说："冯友兰先生把《周易》解释成宇宙代数学，《周易》是一个模型，是一个框架，宇宙中的一切事物都可以代入这个模型或框架。……这里又有生命情感的问题，这可以用他的境界说来说明。冯先生很重视人生境界，他把人生境界分为四种，认为最高境界是天地境界，又叫同天境界，天就是太极、大全，这就不仅仅是一个理性概念的问题，其中有生命情感的问题。冯先生以仁为儒家哲学的最高境界，而仁就是'真情实感'，情感问题是真正的生命问题。"①

　　这无疑是对冯友兰易学思想及整个思想体系的一种新的理解与诠释，揭示了"新理学"及其易学的情感向度。② 这就是说，在蒙先生看来，《周易》不仅仅是"宇宙代数"，更是"生命情感"的表现。这里涉及情本易学的两个要点：第一，《周易》传达的生命情感的核心是"仁"，这是生命存在的"真情实感"；第二，《周易》这种"仁"的生命情感是一种"境界"，而且是最高境界。

　　蒙先生进一步指出：《周易》这种作为生命情感的"仁"，就是"爱"的情感。他说："《易经》乾卦卦辞有'元、亨、利、贞'四字，《文言传》解释说，元、亨、利、贞是天之'四德'，又称之为仁、礼、义、智四德，这就真正变成人的德性了。……事实上《易传》所说的'元'，就是儒家所说的'仁'，'仁'即是爱，是一种道德情感。《系辞上》说：'安土敦乎仁，故能爱。'有敦厚的仁德，便能爱万物。这应是人性的真正实现，也是仁的目的的实现。《坤·象辞》说：'君子以厚德载物。'这'厚德'也就是'敦仁'，'载物'也就是'爱物'。不爱，能有负载万物

---

① 蒙培元：《〈周易〉哲学的生命意义》，《周易研究》2014 年第 4 期，第 5-8 页。
② 参见胡骄键：《情理：冯友兰"境界说"的内涵——从蔡祥元教授对冯友兰"境界说"的批评谈起》，《当代儒学》2021 年第 2 期，第 69-81 页。

的责任与气量吗?"①

这里所涉及的是情本易学的几个要点:第一,"元"就是"仁",这是蒙先生的一个极具创造性的易学思想;第二,"仁"就是"爱"的情感,即是上文所说的"真情实感",同时也是"道德情感";第三,这种"爱"是"爱万物",这是情本易学的自然生态论的一个观念基础。

蒙先生还指出:这种最高境界的情感表现为"乐"——艺术。在讨论《易传》"言不尽意"命题时,蒙先生批评嵇康《声无哀乐论》的观点,而指出:"音乐毕竟是社会的人经过艺术加工创造出来的,是借助于客观物质来表达人的思想感情的,对人会发生影响,产生共鸣。不仅如此,'言为心声','诗言志,歌咏言'。语言、诗歌都是表达内心感情的。嵇康否定了它们之间有任何联系,把音乐简单地看作自然之物,丝毫不能表达思想感情,这就错了。"②

这就是说,虽然"言不尽意",但毕竟可以"立象以尽意"③,而此"意"首先是一种"情意",如"诗言志"之"志"。应当注意的是:蒙先生所说的"乐",即儒家所说的"乐",并不是狭义的"音乐"或狭义的"艺术"。这里涉及情感儒学的另一个重要思想,即:作为主体心灵的情感超越的最高境界之"乐",乃是情、意、知的统一,真善美的统一,这是人与自然的高度和谐状态。

总之,蒙先生是以"情感"为根本观念来诠释《周易》的,故可谓之"情本易学"。

---

① 蒙培元:《天·地·人——谈〈易传〉的生态哲学》,《周易研究》2000年第1期,第9-17页。

② 蒙培元:《"言意之辩"及其意义》,《中国哲学史研究》1983年第1期,第72-79页。

③ 《周易·系辞上》,《十三经注疏》,中华书局1980年版,第82页。

二、情本易学的心灵主体论

情感当然是主体心灵的情感，这似乎是一种主体先行的观念；但当心灵主体通过境界的超越而获得新的主体性之际，对于这个新的主体性来说，心灵境界的超越活动就是前主体性的存在。为此，情本易学首先建构了心灵主体论，旨在揭示作为心灵主体的人的情感主体性在《周易》中的体现。这首先基于蒙先生提出的一个根本命题："人是情感的存在。"①他指出："既然讲人的存在问题，就不能没有情感。因为情感，且只有情感，才是人的最首要最基本的存在方式。中国的儒、道、佛都清楚地看到这一点，因而将情感问题作为最基本的存在问题纳入他们的哲学之中，尽管具体的解决方式各不相同。"②

（一）主体

蒙先生在"主体思维"的概念下讨论"主体"问题：1988 年的论文《论中国传统思维方式的基本特征》③，提出了中国哲学"主体思维"的概念；1993 年，蒙先生出版了专著《中国哲学主体思维》，"把主体思维作为中国哲学最根本的思维特征"，并指出"它是情感体验型意向思维，即从内在的情感需要出发，通过意向活动，确立主体的存在原则"。④

关于这种"主体情感"在《周易》中的体现，蒙先生早在 1989 年发表的第一篇《周易》研究的专文《〈周易〉的天人哲学》中就指出："如

①　蒙培元：《人是情感的存在——儒家哲学再阐释》，《社会科学战线》2003 年第 2 期，第 1—8 页。
②　蒙培元：《情感与理性》"绪言"，中国社会科学出版社 2002 年版，第 1—23 页。
③　蒙培元：《论中国传统思维方式的基本特征》，《哲学研究》1988 年第 7 期，第 53—60 页。
④　蒙培元：《中国哲学主体思维》，东方出版社 1993 年版，"前言"第 2 页、"绪论"第 2 页。

果离开人的主体性，离开了人的存在以及人与自然界的联系，仅仅把《周易》看作是对自然界物理图式或生物学的描述，或看作客观的实在论的认识问题，都是不符合《周易》的基本精神的。"① 这就是说，像传统的宇宙论研究模式那样，离开人的主体性，那是无法理解《周易》的。

到 1992 年，蒙先生进一步提出了"《易经》的整体主体思维"概念，指出："整个《易经》六十四卦及其三百八十四爻，便构成天人合一的有机整体。在这一整体中，自然界是一个不断变化着的生命过程，人则是这一过程的生命主体。"继而加以界定："所谓主体思维，就是重视主体即人在有机整体中的地位和作用，甚至意识到主体在实现天人合一方面能起到决定性作用，从占筮的观点看，就是后来（春秋时期）人们所说的'吉凶由人'，也就是说，吉凶祸福是由人自己造成的，并不是由天命或神意决定的。"进而指出："《易经》所强调的主体性不是以主客体相对立、相分离为特征的主体性，而是以主客体相统一、相融合为特征的主体性，因而它是绝对的，不是相对的，从这个意义上说，它是一种绝对主体性思维"。②

所谓"绝对主体性"，是指的本体性，也就是海德格尔所说的"存在者整体"③。但蒙先生所说的这种"绝对主体性"又不同于西方的概念，而是指的由人赋予的整个自然界这个"大生命"的主体性。蒙先生说："在《易经》的整体结构中，自然界是一个不断变化着的生命过程，人则是这一过程的生命主体"；"《易经》中的主体思维是在天人合一整体论的模式中发展的，它不是认识论意义上的主体思维，它是从如何完成生命过程、实现生命价值这个意义上，也就是从主体实践的意义上形成和发展起

---

① 蒙培元：《〈周易〉的天人哲学》，台湾《中国文化月刊》第 116 期，1989 年版，第 48-62 页。
② 蒙培元：《〈易经〉的整体主体思维》，《学术论丛》1992 年第 2 期，第 37-44 页。
③ 海德格尔：《面向思的事情》，陈小文、孙周兴译，商务印书馆 1999 年第 2 版，第 68 页。

来的，因此，它是一种主体实践思维"。①

在蒙先生看来，这个绝对主体生命，集中体现在《周易》"生"与"生生"的观念上："天地之大德曰生"②、"生生之谓易"③。蒙先生说："天地以'生'为'大德'，这个'生'是有价值意义的，其实现则在人。这就是'继之者善也，成之者性也'。'善'说明自然界的生命创造的目的性，'继'此目的而生者为善，但真正实现出来，变成人的内在德性，则在于人。成就德性，在人自己，这正是人的主体性之所在。"④

这里，蒙先生通过诠释"继之者善也，成之者性也"⑤，凸显了人的主体性在《周易》生命整体活动过程中的地位；"所谓人的主体地位，是指人在天地之间居于何种地位，人的行为有何作用，特别是人的德性有何作用"⑥。在这个问题上，蒙先生指出，尽管"性来源于天道，是自在的存在，即'天道性命'；但必须靠人去完成、去实现，这便是自为的存在，即'成性存存'。这里，人的主体作用是至关重要的"⑦。这是因为："只有人才是有意志有目的的，人的目的性活动才能完成天地生生之'德'。正是在这里，突出了人的主体性地位。"⑧

蒙先生指出，这种主体性体现在《周易》占筮上："《周易》毕竟有一层神秘的外衣，要通过占筮的形式决定其结果。孔子的贡献就在于揭开了这层外衣，直接诉之于人的德性，将人的主体实践提到首要地位，从而确立了人的德性主体的地位。这实际上就是将《周易》中的形而上学思想引向人文主义的发展道路。"⑨进一步说，"在《易经》的卦、爻辞中，

---

① 蒙培元：《略谈〈易经〉的思维方式》，《周易研究》1992 年第 2 期，第 33 - 36 页。
② 《周易·系辞下传》，《十三经注疏》，第 86 页。
③ 《周易·系辞上传》，《十三经注疏》，第 73 页。
④ 蒙培元：《孔子与〈周易〉》，《东方论坛》2006 年第 2 期，第 1 - 4 页。
⑤ 《周易·系辞上传》，《十三经注疏》，第 78 页。
⑥ 蒙培元：《孔子是怎样解释〈周易〉的》，《周易研究》2012 年第 1 期，第 3 - 8 页。
⑦ 蒙培元：《中国哲学主体思维》，第 149 页。
⑧ 蒙培元：《心灵超越与境界》，人民出版社 1998 年版，第 125 页。
⑨ 蒙培元：《孔子是怎样解释〈周易〉的》，《周易研究》2012 年第 1 期，第 3 - 8 页。

提出许多占筮的原则和条件，其中最重要的一个原则就是主体原则，它说明主体的行为和道德实践不仅决定吉凶祸福等结果，而且能提高人的生命价值和意义"；"可以毫不夸张地说，《易经》中绝大多数卦都是讲主体实践的，而所有的卦都与主体实践有关"。①

这里明确地将"主体原则"列为《周易》占筮的"最重要的一个原则"，这在易学史上恐怕是第一次，却是符合《周易》占筮的原意的，《系辞传》说："天地设位，圣人成能；人谋鬼谋，百姓与能。"② 这里的"圣人""百姓"都是"人"，占筮的结果取决于人这个主体的实践，此即《左传》叔兴所说的"阴阳之事，非吉凶所生也，吉凶由人"③。

（二）心灵

人的主体性，体现于人的心灵。笔者曾经写道："上述'主体思维'乃是'心灵'的活动，蒙培元认为这是中国心性哲学的基本特征。他将这样的思想提炼而概括为'心灵哲学'，这个概念最初是在1993年的论文《心灵与境界——朱熹哲学再探讨》里提出的，同样值得注意的还有1994年的论文《中国的心灵哲学与超越问题》；当然，更全面系统的论述则是1998年出版的专著《心灵超越与境界》。"④

在《心灵超越与境界》中，蒙先生指出："中国哲学是一种心灵哲学"；"心灵是主体范畴"，"中国哲学普遍认为，心灵是主宰一切、无所不包、无所不通的绝对主体"；"中国哲学则是情感型哲学"。⑤ 确实，在

---

① 蒙培元：《心灵超越与境界》，第122页。
② 《周易·系辞下传》，《十三经注疏》，第91页。
③ 《春秋左氏传·僖公十六年》，《十三经注疏》，第1808－1809页。
④ 黄玉顺：《情感儒学：当代哲学家蒙培元的情感哲学》，《孔子研究》2020年第4期，第43－47页。
⑤ 蒙培元：《心灵超越与境界》，第3、4、18页。

中国哲学中，"心是标示主体性的重要范畴"①；"将心灵视为整体的存在，并在整体中突出情感的地位与作用，以情感为核心而将知、意、欲和性理统一起来，这就是儒家哲学的特点"②。

联系到《周易》，蒙先生指出："《周易》里有'天地之心'的说法（原话是'复，其见天地之心乎'），这个'天地之心'是什么？后来的理学家程颢解释说，人就是天地之心。朱熹进一步地提出，天地以生物为心，所生之物以天地生物之心为心，所以人心有仁。这样就把生和仁联系起来了。人不仅是天地之心，而且要为天地立心，所立之心就是仁。这样天人之间构成互为主体的关系，这是一个很深刻的生命哲学的问题。"③这就是说，《易传》提出"复，其见天地之心乎"④，表明人的心灵就是存在者整体即宇宙大生命的心灵。

三、情本易学的境界超越论

情本易学的境界超越论，旨在揭示《周易》所蕴含的境界超越观念，即人的存在的心灵境界特征，以及这种境界是如何通过情感主体的自我超越而实现的。蒙先生指出："境界型的哲学重视人的心灵的存在状态、存在方式而不是认识能力，将人视为一种特殊的生命'存在'，并且在心灵超越中实现一种境界。这所谓境界，就是心灵超越所达到的存在状态，可视为生命的一种最根本的体验，这种体验和人的认识是联系在一起的。它可以是美学的，可以是道德的，也可以是宗教的。在中国历史上，长期居于重要地位而又发生过重要影响的儒、道、佛三大流派，就是属于这种形

---

① 蒙培元：《浅谈范仲淹的易学思想》，台湾《国文天地》第 86 期，1992 年 7 月版，第 26-31 页。

② 蒙培元：《情感与理性》"绪言"，中国社会科学出版社 2002 年版，第 1-23 页。

③ 蒙培元：《〈周易〉哲学的生命意义》，《周易研究》2014 年第 4 期，第 5-8 页。

④ 《周易·复象传》，《十三经注疏》，第 39 页。

态的哲学。"① 这就是说，整个中国哲学，包括《周易》哲学，都是心灵境界哲学、境界超越哲学。

（一）境界

关于"境界"，笔者曾谈到过："蒙培元从一开始就关注'境界'问题，早在 1983 年的论文《论朱熹理学向王阳明心学的演变》中就谈到，理学家的宗旨是要达到万物一体、天人合一的'精神境界'；此后一系列著述都不断强调，中国哲学不是认识论的，而是境界论的。他 1992 年的论文《从孔子的境界说看儒学的基本精神》指出，心灵境界说是中国哲学中最有特色、最有价值的部分。1996 年，他发表了自我总结性的论文《主体·心灵·境界——我的中国哲学研究》；1998 年，这方面的总结性专著《心灵超越与境界》出版。"②

关于"境界"与"情感"的关系，蒙先生在《心灵超越与境界》中指出："如果说中国传统哲学只是主张感性情感，仅在经验心理学的层面，那当然是错的。正好相反，中国传统哲学所提倡的，是美学的、伦理的、宗教的高级情感，决不是情绪反应之类；是理性化甚至超理性的精神情操、精神境界，决不是感性情感的某种快乐或享受。……道家提倡'无情而有情'的美学境界，儒家提倡'有情而无情'的道德境界，禅宗提倡无处无佛的宗教境界，实际上他们都提倡不离情感而超情感的精神境界。"③ 这就无异于说：境界本质上是情感的境界，超越本质上是情感的超越。

至于"境界"问题与《周易》的关系，早在 1990 年出版的《中国心性论》中，蒙先生就已经注意到："《易传》既然提出了本体论的哲学，

① 蒙培元：《情感与理性》"绪言"，中国社会科学出版社 2002 年版，第 2 页。
② 黄玉顺：《情感儒学：当代哲学家蒙培元的情感哲学》，《孔子研究》2020 年第 4 期，第 43－47 页。
③ 蒙培元：《心灵超越与境界》，第 21 页。

而且以天地变化之道、天地生生之德为人性的来源，因此，认识天地阴阳变化之理，就是实现天人合一境界的重要途径。……这里提出知性的问题，并把'穷神知化'看作是认识的最高境界，同时也是道德实践的最高境界。……天下之人思虑万端，各有其道，但最终都要走到一起，这就是'精义入神'，即精于义理，进入神妙的境界。一旦见之于实践，在实践中得到受用，便实现了自己的德性，以至于能穷神而知化，达到了理想境界。所谓殊途同归，百虑一致，就是实现了天人合一的最高境界。在这种境界里，主观目的性和客观必然性、内在的'性'和外在的'命'完全合一了。这是一种自由境界。"① 这是学界首次以"境界"的观念来诠释《易传》的哲学思想，具有重大的学术意义。

在蒙先生看来，《周易》的境界论主要体现在《易传》中。他说："在《易传》中，有大量关于修养和实践的论述，都是指向'天人合一'的心灵境界的"②；"《易传》的最高理想，是实现'天人合一'境界。……所谓'天人合一'境界，就是与宇宙自然界的生生之德完全合一的存在状态，也可以说是一种'自由'"③。例如，"《乾·文言》说：'夫大人者，与天地合其德，与日月合其明，与四时合其序，与鬼神合其吉凶，先天而天弗违，后天而奉天时。天且弗违，而况于人乎，况于鬼神乎。'这是对'天人合一'境界的一个全面的描述"④。

蒙先生这种关于《周易》的境界论，毕竟是属于"情感儒学"的，即是儒家的，而不是道家或佛家的。他赞同范仲淹的主张，即"提倡人在现实世界中实现超越，进入'天人合一'的理想境界，而不是如同佛教那样，在现实世界之外，寻求所谓"'真常之性'，在主体意识之外，恢

---

① 蒙培元：《中国心性论》，台湾学生书局1990年版，第102–103页。
② 蒙培元：《心灵超越与境界》，第127页。
③ 蒙培元：《天·地·人——谈〈易传〉的生态哲学》，《周易研究》2000年第1期，第9–17页。
④ 蒙培元：《天·地·人——谈〈易传〉的生态哲学》，《周易研究》2000年第1期，第9–17页。

复所谓'清净之心'"①。这是一种"入世"的境界论,而非"出世"的境界论。

确实,蒙先生的境界论是儒家的,儒家哲学一开始就是境界论的哲学。孔子说:"吾十有五而志于学,三十而立,四十而不惑,五十而知天命,六十而耳顺,七十而从心所欲不逾矩。"② 这实际上就是在谈境界的不断超越。笔者曾将孔子的上述"自道"与冯友兰先生的境界观加以对照,并加以笔者本人的理解。③ 现加上蒙先生的境界观,列表如下:

前人 笔者	孔子		冯友兰	蒙培元
自发境界			自然境界	自然情感
自为境界	兴于诗	十有五而志于学	功利境界	道德情感
	立于礼	三十而立	道德境界	
		四十而不惑	天地境界	超越情感
		五十而知天命		
自如境界	成于乐	六十而耳顺		
		七十而从心所欲不逾矩		

这里需要指出:冯友兰先生的境界论,其最高境界"天地境界"属于形而上存在者的境界,尚未揭示某种回归前存在者、前主体性的境界。而在笔者看来,蒙先生的境界观,其最高境界兼有形而上存在者与回归前存在者的意味:蒙先生明确地将第一境界对应于自然本真情感的"诚",第二境界对应于道德理性性质的"仁";而第三境界则对应于"乐",乃是一种"否定之否定"的回归。这种对应关系,显然符合孔子的思想:

---

① 蒙培元:《浅谈范仲淹的易学思想》,台湾《国文天地》第86期,1992年7月版,第26-31页。

② 《论语·为政》,《十三经注疏》,中华书局1980年影印版,第2461页。

③ 黄玉顺:《爱与思——生活儒学的观念》(增补本),四川人民出版社2017年版,第167-186页。

"兴于诗，立于礼，成于乐"①，其中"诗"与"乐"都是情感的表达，故"乐"乃是向"诗"的一种经过不断的境界超越之后的复归。

（二）超越

境界的提升，是通过人的自我超越来实现的。笔者曾经谈到，在蒙先生看来，"中国哲学的根本宗旨就是主体心灵从自然情感向高级情感的自我超越，最终达到形上本体的情感体验境界。因此，他自始至终谈'超越'，而'自我超越'概念早在1987年的论文《谈儒墨两种思维方式》中即已经提出；当然，这方面最集中的论述仍是其专著《心灵超越与境界》"②。

关于"超越"与《周易》的关系，蒙先生指出："有人说，《周易》是中国的经验哲学，是讲日常生活问题的，缺乏形而上的超越。其实，《周易》哲学的特点，正是将形而上与形而下结合起来，将天道与人道统一起来，并由此开启了中国人的智慧之窗。这样一种独特的哲学，既不是纯粹的形而上学，也不是毫无超越意义的经验知识，而是充满生命力的有机整体论、哲学与价值意味很浓的生命哲学。"③ 这就是说，《周易》哲学不是经验层面的，而是超越层面的。

1.《周易》总体的超越观念

在蒙先生看来，儒家从孔子开始就关注"超越"与《周易》的关系。孔子说："加我数年，五十以学《易》，可以无大过矣。"④ 蒙先生指出："这实际上是人生学习过程中的一次超越，意义非常重大，因此不能等闲

---

① 《论语·泰伯》，《十三经注疏》，第2487页。
② 黄玉顺：《情感儒学：当代哲学家蒙培元的情感哲学》，《孔子研究》2020年第4期，第43－47页。
③ 蒙培元：《〈周易〉哲学告诉我们的人生道路》，《中华读书报》2002年4月10日。
④ 《论语·述而》，《十三经注疏》，第2482页。

视之";"他要为人的德性建立超越性的形上基础"。^① 这里涉及两种意义的超越：一是孔子的自我超越，即达到上文谈到的"五十而知天命"的境界；二是孔子这种超越是与《周易》哲学的形上超越性联系在一起的，即"五十而知天命"的境界是通过"五十以学《易》"而达到的。

从总体上来看，蒙先生指出："《周易》有一个超越时间空间的形而上的理论模型，或者叫先验的结构模型，这个模型的特点是包括天、地、人，适用于自然界和社会的人，因此被称为'三才'之道。"^② 这里强调的《周易》"超越时空"的"先验"特征，乃是超越经验的"超验"（transcendental）。蒙先生又说："'易无思也，无为也，寂然不动，感而遂通天下之故。'这是讲天地之道自然无为，具有超越时空的存在论意识。"^③ 这里所强调的《周易》"天地之道"超越性的存在论性质，已经是超越凡俗世界的"超凡"（transcendent）。这是两个不同的超越层级："超验"是人的心性或理性的特征，而"超凡"则是形上本体的特征。^④

2. 《易传》的超越观念

具体到《易传》，蒙先生指出："《易传》的最高理想，是实现'天人合一'境界。这里所说的'天'，具有超越义。"^⑤ 这里的"超越"，是通过人的"超验"与天的"超凡"之"合一"而达到的境界，这其实就是下文将要谈到的自然生态论的超越性内涵。

（1）"道"的超凡性。蒙先生特别强调《易传》"形而上者"之"道"的超越性。他说：《周易》"提出'形而上者谓之道，形而下者谓之

① 蒙培元：《孔子与〈周易〉》，《蒙培元全集》第十四卷，四川人民出版社 2021 年版，第 166－173 页。
② 蒙培元：《〈周易〉的天人哲学》，台湾《中国文化月刊》第 116 期，1989 年版，第 48－62 页。
③ 蒙培元：《中国心性论》，第 101 页。
④ 参见黄玉顺：《"超验"还是"超凡"——儒家超越观念省思》，《探索与争鸣》2021 年第 5 期，第 73－81 页。
⑤ 蒙培元：《天·地·人——谈〈易传〉的生态哲学》，《周易研究》2000 年第 1 期，第 9－17 页。

器'的命题，赋予道以形而上的超越性"；"天地之道或阴阳之道不仅是外在的自然规律或宇宙规律，而且具有内在超越性"①；"它是超越一切具体形象的抽象物，故称为'形而上者'"②。

这一点特别鲜明地体现在宋明理学的《周易》诠释中。例如，"在张载看来，'形而上者'是不可名言的本体，是无体之体"；"它具有超越性，是具体语言无法表达的"③。又如二程，"他们所谓道，具有超越性，它不是阴阳之气，而是'所以阴阳'者"；"按照他们的观点，道是普遍的超越的绝对原则，气则是感性的具体的物质存在"④。又如在朱熹那里，"太极是不可分割的全体，又是普遍的超越的绝对，它'与物无对'，是'至极'之理"⑤；"形而上者逻辑上先于形而下者，并有一个'净洁空阔'的世界，这个世界是超越的绝对存在"⑥。又如，"陆九渊也是形上论者，他的'本心'说，是以心为自我超越的形而上者。但他并不强调形上与形下的严格界限，也不认为形而上者是净洁空阔的世界，而是自我超越的主体意识，它和形而下的心理活动不可分离，因此，更加具有实践哲学的特点"⑦。如此等等。

（2）人之"性"的超验性。关于这个问题，蒙先生分析了《易传》的"与天地合其德"命题，指出："'与天地合其德'是形而上的超越，是最高的境界，同日月一样光明，同四时一样有序，同鬼神一样能定吉凶，能够'美利天下'，能够'神遇万物'，这就是《易传》作者的理想境界。"⑧ 这里，蒙先生特别指明这是一种"境界"，因为能够"与天地合

---

① 蒙培元：《中国心性论》，第 101 页。
② 蒙培元：《中国哲学主体思维》，第 139 页。
③ 蒙培元：《理学范畴系统》，人民出版社 1989 年版，第 140 页。
④ 蒙培元：《理学范畴系统》，第 38、39 页。
⑤ 蒙培元：《理学范畴系统》，第 60 页。
⑥ 蒙培元：《理学范畴系统》，第 143 页。
⑦ 蒙培元：《理学范畴系统》，第 143 页。
⑧ 蒙培元：《心灵超越与境界》，第 128 页。

其德"的正是"人",是人的超验的"性"。

所以,蒙先生分析《易传》的"穷理尽性以至于命"命题,指出:"《易传》在提出'顺性命之理'的同时,又提出'穷理尽性以至于命',说明……人不仅仅是血肉之躯,更重要的是形而上的道德本体,这是人的真正存在,只有经过自我超越,才能实现人的真正存在,这种存在就是天人合一的'天道性命'。"① 这里应注意"性"与"命"的区别:"性"是人之性,是超验的;"命"是天之命,是超凡的;由"尽性而至命",正如孟子所说的由"尽心""知性"而"知天""事天"②。这是必须经过"自我超越"才能实现的境界。

同理,蒙先生还分析了《易传》的"先天而天弗违,后天而奉天时"命题,指出:"所谓'先天而天弗违',说明它具有超越性、先在性,是自然界的发展不能违反的;所谓'后天而奉天时',说明它又是经验的、后天的,是符合自然界发展规律的。"③ "所谓'先天而天弗违',就是实现了超越的天命之性,以人性为天道;所谓'后天而奉天时',就是处处能合于天道,以天道为人性。"④ 这就是讲的超验的人之性通过自我超越而达到与超凡的天之道之间"天人合一"的境界。

总之,"《易传》和《中庸》是儒家哲学的两部重要著作,二者结合起来,就成为理学家天人哲学的重要理论来源。……它提倡人在现实世界中实现超越,进入'天人合一'的理想境界"⑤。这是讲《易传》"穷理尽性以至于命"的"性命之理"与《中庸》"天命之谓性,率性之谓道,修道之谓教"之间的一致性,也就是境界超越论。

---

① 蒙培元:《中国哲学主体思维》,第150页。
② 《孟子·尽心上》,《十三经注疏》,第2764页。
③ 蒙培元:《〈周易〉的天人哲学》,台湾《中国文化月刊》第116期,1989年版,第48-62页。
④ 蒙培元:《中国心性论》,第103页。
⑤ 蒙培元:《浅谈范仲淹的易学思想》,台湾《国文天地》第86期,1992年版,第26-31页。

四、情本易学的自然生态论

情本易学关注中国哲学的基本主题即"天人之际"问题，其自然生态论所揭示的《周易》自然观，将"自然"视为一个作为存在者整体的"大生命体"，从而追求作为最高情感境界的"天人合一"生态境界。

（一）作为大生命体存在的自然

笔者曾经指出："蒙培元从 1998 年就开始比较集中地思考'自然'问题，此后一系列著述都涉及这个问题，包括 2002 年出版的专著《情感与理性》。当然，这方面总结性的专著是 2004 年出版的《人与自然——中国哲学生态观》。"[1]

1. 《周易》人与自然合一的大生命体观念

上文谈到，早在第一篇《周易》研究的专文中，蒙先生就指出："离开了人的存在以及人与自然界的联系"，那"是不符合《周易》的基本精神的"。他还指出："所谓'先天而天弗违'，说明它具有超越性、先在性，是自然界的发展不能违反的；所谓'后天而奉天时'，说明它又是经验的、后天的，是符合自然界发展规律的。"[2] 这是在讲人与自然的关系：人性既是"后天"的即源于自然的，故讲人性不能违反自然；又是"先天"的即优于自然的，故讲自然不能离开人性。

何以如此？在《人与自然》中，蒙先生指出：中国哲学"其实质是探究和解决人与自然的关系问题"；"自然界是一个生命有机体，自然界不仅有生命，而且不断创造新的生命"；"人与自然界是一个生命整体，

---

[1] 黄玉顺：《情感儒学：当代哲学家蒙培元的情感哲学》，《孔子研究》2020 年第 4 期，第 43－47 页。

[2] 蒙培元：《〈周易〉的天人哲学》，台湾《中国文化月刊》第 116 期，1989 年 6 月版，第 48－62 页。

人绝不能离开自然界而生存,同样,自然界也需要人去实现其价值";"中国哲学家都以'生'为天地之心,这就明确地肯定了自然界的目的就是自身生命的目的,而自身生命的目的绝不仅仅是'生'出生物性的存在,而是具有生命情感甚至道德情感的";"'仁'的本质是爱","其实现的次序就是'亲亲、仁民、爱物',其最高境界便是'天地万物一体之仁'"。① 这就是说,人的生命存在与自然的生命存在同属于一个大的生命存在体。

这个大生命存在体是一个"存在者整体",即是一个大生命体。1992年,蒙先生提出了"《易经》的整体主体思维"概念,指出:"整个《易经》六十四卦及其三百八十四爻,便构成天人合一的有机整体。……人与自然界在双向交流和互相感应的过程中,既是互相对应的,又是和谐统一的,这种和谐就是生命的重要原则。"② 这就是在强调《周易》的大生命体观念。

为此,蒙先生特别撰有专文《〈周易〉哲学的生命意义》,指出:"《周易》'生生之谓易'的原意是一个不断生成、创生的意思,也就是生命创造的意思……也就是'生生不息'、'生生不穷'的意思。这就是《周易》的意义所在,说明世界是一个生命创造的过程,不是一个机械的物理世界。"③

因此,蒙先生这样概述《周易》的形成过程及其意义:"由'生殖崇拜'产生阴阳观念,再加以符号化,这便是伏羲画卦的基础。从'原始生殖崇拜'到'原始阴阳'观念,再到符号化,是一次抽象,是人类意识的飞跃。从阴阳符号的组合到八卦的制造则是伏羲的一大创造;从原始八卦到《周易》系统的形成,是后圣的工作。从《周易》到《易传》是《周易》思想的发展和完善,整个过程是漫长的又是顺理成章的,由此决

---

① 蒙培元:《人与自然——中国哲学生态观》,《蒙培元全集》第十三卷,第1-6页。
② 蒙培元:《〈易经〉的整体主体思维》,《学术论丛》1992年第2期,第37-44页。
③ 蒙培元:《〈周易〉哲学的生命意义》,《周易研究》2014年第4期,第5-8页。

定了中华民族的文化基因，即生命整体论和人与自然和谐的'天人合一'论。"① 这里的"生命整体论"是从存在论的角度讲的，而"人与自然和谐的'天人合一'论"则是从境界论的角度讲的。

特别要注意的是：蒙先生所说的"自然"，不能简单化地对应于西语的"nature"。蒙先生指出："人性是不能离开'自然性'的。这所谓'自然性'，不是纯粹生物学上所说的生物性，而是具有生命的目的意义和道德意义，也就是说，对人而言，自然界不仅是人的生命存在的根源，而且是人的生命意义和价值的根源。"② "孔子哲学从根本上是生命哲学，《易传》哲学从根本上说也是生命哲学。它同西方的自然哲学、本体论哲学确实不同，它是从生命现象及其生命的意义和价值的基点上理解人与自然界的。"③ 显然，这种意义的"自然"绝非与"人"相对的"自然界"，而是作为大生命体的"天人合一"的"自然"。

蒙先生进一步指出：这种大生命体是情感性的存在者。在谈到张载易学时，蒙先生指出："他以众人之'同心'为义理，为天德。这是从现实层面上论人心，实际上指出了人心的普遍性、客观性的价值内涵，即目的理性。这种理性以道德情感为其真实内容，亦可说是'天地之情'。如果说，天心、人心之说指明了目的性，而以人心为其实现；那么，天地之情与众人之情之说则指出了这种目的理性的实际内容就是人类普遍的道德情感，即'天地之仁'。"④ "正是'体物'之说表现了张载的强烈的生态意识。'体物'之'体'字，有两重意思：一是体验之义，二是体恤之义，二者实际上是统一而不可分开的。体验是一种情感活动，即所谓情感体验，是生命活动的重要方式，它与一般的情感情绪反应并不相同。体验也

---

① 蒙培元：《伏羲与〈周易〉——兼评安志宏的〈周易〉研究》，《天水师范学院学报》2015年第1期，第75-77页。

② 蒙培元：《人与自然——中国哲学生态观》，《蒙培元全集》第十三卷，第81页。

③ 蒙培元：《孔子与〈周易〉》，《东方论坛》2006年第2期，第1-4页。

④ 蒙培元：《人与自然——中国哲学生态观》，《蒙培元全集》第十三卷，第203页。

是一种认识活动，是情与知的统一，亦可称之为体知。"①

2. 体现大生命体观念的《周易》哲学范畴

由上述"大生命体"出发，蒙先生重新诠释了《周易》哲学的一系列基本范畴：

关于"易"，蒙先生指出："《周易》在提出'生生之谓易'的同时，又提出'天地之大德曰生'，这就把'生生'和'天德'联系起来了。'天德'是一个价值范畴，'生生'是生命创造，而'天德'是最高价值，'天地之大德曰生'这句话说明生命创造同时又是一种价值创造，不单纯是一个生命创造的问题，而且具有明显的价值意味。"②"'易道'的内在精神不是别的，就是'生道'或'生生之道'。'易'中所表现的阴阳变化……其实，《易传》已经告诉了我们，其最根本的变化就是生命的创造，亦即生命的进化，这才是'易道'的核心所在。因此，《易传》讲了很多道理，但在回答'何者为易'的问题时，它非常明确地说出了'生生之谓易'、'天地之大德曰生'这样的结论。这是不同寻常的。"③ 这就是说，"易"就是"生"，"易道"就是"生道"。

关于"生"，蒙先生指出："'易'有没有更重要、更根本的精神？这正是今日研究易学者应当进一步追问的。其实，《易传》早已作出了回答，这就是'生'，即它的生命意义。讲'变易'也好，'简易'也好，其核心是'生'即生命问题，这就是'易'的根本精神。……用《易传》的话说，'生生之谓易'，'天地之大德曰生'，这才是'易'的根本意义之所在。"④ 这是指出《周易》的根本精神就是"生"或"生生"，亦即生命活动。

---

① 蒙培元：《人与自然——中国哲学生态观》，《蒙培元全集》第十三卷，第205－206页。

② 蒙培元：《〈周易〉哲学的生命意义》，《周易研究》2014年第4期，第5－8页。

③ 蒙培元：《孔子与〈周易〉》，《东方论坛》2006年第2期，第1－4页。

④ 蒙培元：《天·地·人——谈〈易传〉的生态哲学》，《周易研究》2000年第1期，第9－17页。

关于"卦爻"，蒙先生指出："八卦是《周易》的母卦，六十四卦是在八卦的基础上形成的。八卦的基本要素是阴（一）阳（--），是一种文化符号，但不是纯粹的形式符号，它带有生命信息。由'一''--'组成的八卦与生命息息相关，由此构成'天人合一'的思维模式。八卦有乾坤代表天地，坎离代表水火，震巽代表雷风，艮兑代表山泽，这八种现象都与生命有关。"① "如果对卦、爻辞略加分析，我们就会看到，人与自然之间以生命为轴心的对应关系是互相转换的，有些卦虽象征某种自然界的事物，却同时可以转换为人的某种生命活动。……在这里，人与自然是统一的，生命信息是相通的。"② 这是在讲《周易》的生命精神体现在卦爻中。

关于"阴阳"，蒙先生指出："阴阳是有具体内涵的，不是一个形式的概念；它是有生命信息的，不是一个纯粹抽象的符号，这就是阴阳不同于一般所谓正负，与物理主义的解释不同"；"变易不仅是一个机械的物理的变化，而且具有更深刻的意义，即有生命的生成、发展、变化"。③ "阴阳之不同于一般数学、逻辑符号或物理符号之处就在于，它是生命载体，带有生命信息，具有生命意义。"④ 这是在讲《周易》卦爻所体现的生命精神可以归结为最基本的范畴即"阴阳"范畴，即所谓"易以道阴阳"⑤。

关于"男女"，蒙先生指出："《系辞下》说：'天地纲缊，万物化醇；男女构精，万物化生。'男女是指人而言的，为什么说万物化生是'男女构精'呢？因为人是'万物之灵'，是生命的最高形式，故能代表一切生命。男女具有阴阳的基本属性，以男女代表阴阳，最能说明阴阳的生命意

① 蒙培元：《伏羲何以是"人文始祖"》，《蒙培元全集》第十八卷，第 245－247 页。
② 蒙培元：《〈易经〉的整体主体思维》，《学术论丛》1992 年第 2 期，第 37－44 页。
③ 蒙培元：《〈周易〉哲学的生命意义》，《周易研究》2014 年第 4 期，第 5－8 页。
④ 蒙培元：《孔子是怎样解释〈周易〉的》，《周易研究》2012 年第 1 期，第 3－8 页。
⑤ 《庄子·天下》，王先谦《庄子集解》，成都古籍书店 1988 年影印本，第 96 页。

义，也能说明人与万物之间的生命联系。"① 这是在讲《周易》的根本范畴"阴阳"可以由"男女"范畴来加以表征。

关于"乾坤""父母"，蒙先生指出："《说卦传》将乾、坤二卦视为父母卦：'乾，天也，故称乎父；坤，地也，故称乎母。'这所谓'父母'，是指宇宙自然界这个大父母，不是指人类家庭中的父母，是讲人与自然界的关系，不是讲人类自身的血缘关系。"② 这里的"父母"与上文的"男女"相对应。这是在讲《周易》"阴阳"生命观念体现在"乾坤"范畴上，"乾坤"同时与"男女"范畴和"天地"范畴相勾连。

关于"天地"，蒙先生指出："《易传》不仅用天、地代表自然界（亦可称为宇宙自然界），而且看到天地自然界的生命意义，这才是《易传》'自然观'的特点。它是从人的生命存在出发去理解自然界的。"③ "特别值得注意的是，《易传》在谈到'天'之诸象时，都与生命现象有关，如'云风行雨施，万物流行'、'天地变化，草木蕃'。"④ "天地自然界是生命创造的源泉，它本身就是生命体，更是一切生命的源泉。"⑤ 这是在讲《周易》"乾坤"生命范畴象征着"天地"，而"天地"范畴代表"自然"这个大生命体。

总之，"从《周易》到孔子，其间贯穿着一条线，就是生命问题"⑥；"这样一种独特的哲学，既不是纯粹的形而上学，也不是毫无超越意义的经验知识，而是充满生命力的有机整体论、哲学与价值意味很浓的生命哲学"⑦。

---

① 蒙培元：《孔子是怎样解释〈周易〉的》，《周易研究》2012年第1期，第3-8页。
② 蒙培元：《天·地·人——谈〈易传〉的生态哲学》，《周易研究》2000年第1期，第9-17页。
③ 蒙培元：《天·地·人——谈〈易传〉的生态哲学》，《周易研究》2000年第1期，第9-17页。
④ 蒙培元：《人与自然——中国哲学生态观》，《蒙培元全集》第十三卷，第81页。
⑤ 蒙培元：《人与自然——中国哲学生态观》，《蒙培元全集》第十三卷，第201页。
⑥ 蒙培元：《孔子是怎样解释〈周易〉的》，《周易研究》2012年第1期，第3-8页。
⑦ 蒙培元：《〈周易人生智慧丛书〉序》，《中华读书报》2002年4月10日。

（二）作为天人合一境界的生态

关于《周易》与"生态"问题的关系，蒙先生 2000 年发表了专文《谈〈易传〉的生态哲学》，指出：一方面，"人的生命正来自这个自然界"；另一方面，"人在获得自然所提供的一切生存条件的同时，更要'裁成''辅佐'自然界完成其生命意义，才能实现人与自然的和谐相处，达到'天人合一'的最高境界"。① 由此可见，"《周易》哲学是生的哲学，生的哲学即是生命哲学，其中包含了深刻的生态哲学道理，它的现代意义也在这里"②。这是指出《周易》生命哲学同时也是一种生态哲学。

在《人与自然》中，蒙先生明确提出："中国哲学是深层次的生态哲学。"并论述道：《周易》"'生'的哲学就是生态哲学，即在生命的意义上讲人与自然界的和谐关系"；它"提倡'内外合一'、'物我合一'、'天人合一'的德性主体，其根本精神是与自然界及其万物之间建立内在的价值关系，即不是以控制、奴役自然为能事，而是以亲近、爱护自然为职责"；"'仁'的本质是爱"，"其实现的次序就是'亲亲、仁民、爱物'，其最高境界便是'天地万物一体之仁'"；"西方文化有'在上帝面前，人人平等'的观念，而在中国文化中则有'在天地（自然界）面前，人与万物平等'的观念"；"人与自然的和谐居于重要地位，是整体生态学的基础，也是人生的最高追求"。③ 这是对《周易》生态观的全面阐述。

应注意的是，这里的"生态"并不等同于通常所谓"生态学"（ecology）或"生态伦理学"（ecological ethics）所说的"生态"（ecological environment），而是从中国哲学的"天人之际""自然生命"意义上讲的"生态"。蒙先生指出："就天人关系而言，中国的《周易》哲学并不仅仅是

① 蒙培元：《天·地·人——谈〈易传〉的生态哲学》，《周易研究》2000 年第 1 期，第 9－17 页。
② 蒙培元：《〈周易〉哲学的生命意义》，《周易研究》2014 年第 4 期，第 5－8 页。
③ 蒙培元：《人与自然——中国哲学生态观》，《蒙培元全集》第十三卷，第 1－7 页。

生态伦理学那样的问题，它更是对人生价值的最终解决，这就是所谓性命之学。'圣人之作《易》也，将以顺性命之理。'性命之理就是人的本性，也是人生的终极价值。'和顺于道德而理于义，穷理尽性以至于命。'这是《周易》天人合一论的重要命题。"① 这就是《周易》生命哲学的"天人合一"的自然生态观。

蒙先生进一步分析道："所谓'天人之际'，不是只从'天'一方面来说的，也不是只从'人'一方面来说的，而是从天、人两方面来说的，只有从人与自然两方面着眼，才能说明二者的关系。从'天'的方面说，'天地氤氲，万物化醇；男女构精，万物化生'，这是一个自然的过程，但是这并没有完结，'万物化生'之后，便有人与自然的关系问题。就这一层说，又有两方面：一是天对人而言，是'乾道变化，各正性命'，即自然界使人各有其性命；一是人对天而言，便是'继之者善，成之者性'，即实现自然界赋予人的目的，完成人之所以为人之性。"② 这是从自然生态论的角度来阐释《周易》的"天人之际"观念，指明这是一种人不离天、天不离人的生态哲学。

特别值得注意的是，蒙先生独具慧眼地将《论语》中的"五十以学《易》"与"五十而知天命"联系起来，指出："通过对《周易》的解读，孔子建立了最早的'天人合一'之学"；"在孔子看来，《周易》正是讲'天命'与'知天命'之学，也就是'天人之际'的学问"。③ 这无疑是易学研究的一个重要的学术发现。

蒙先生还指出：这种生态哲学不是唯理论的，而是唯情论的。蒙先生说："'天'确实有一种神圣性，人对'天'有一种敬畏感，人的宗教情感在这里得到了相当程度的表现。之所以如此，就因为'天'即自然界

---

① 蒙培元：《〈周易〉的天人哲学》，台湾《中国文化月刊》第 116 期，1989 年 6 月版，第 48－62 页。

② 蒙培元：《人与自然——中国哲学生态观》，《蒙培元全集》第十三卷，第 84 页。

③ 蒙培元：《孔子与〈周易〉》，《东方论坛》2006 年第 2 期，第 1－4 页。

是一切生命之源，也是一切价值之源。这种神圣感实际上赋予人以更加现实的使命感，这就是热爱和保护大自然，热爱和保护大自然中的一切生命。"① 这就是说，《周易》哲学乃是一种"情感哲学"，并且其中的"敬畏"情感具有信仰的意义。

蒙先生还指出：这种生态观不是实体论的，而是境界论的。蒙先生说："实现了'天人合一'境界，对自然界的万物自然能充满爱，因为人与万物是息息相关的，人的德性就是以完成万物生长为其目的的。因此，我们可以说，《易传》所追求的'天人合一'境界，实际上是它的生态哲学的最高表述。"② 这就是说，《周易》生态哲学乃是一种"情感境界哲学"。

与此相关，最后讨论一个问题：蒙培元先生的情本易学，乃至他的整个情感儒学，反复强调"天人合一"这个命题。已有学者指出："'天人合一'这个命题，自从张载正式提出以后，已经成为大多数儒者的共识。……但他们没有一个像蒙培元先生那样，将'天人合一'的思想贯彻得如此彻底。……在这个意义上，用'天人合一'更能概括蒙先生的思想特征。"③ 读者容易对此产生误解，以为"天人合一"是说："天"与"人"本来是两个独立的实体，然后合为一个实体。其实，蒙先生对中国哲学、儒家哲学的诠释，不是实体论的，而是境界论的。他明确指出："实体论是西方哲学的传统，它以对象认识、概念分析为特征。西方的宗教哲学也是以终极实体为最高存在。所谓本体论哲学，实际上就是实体论哲学。中国哲学则是境界论的。所谓境界，是指心灵超越所达到的一

---

① 蒙培元：《天·地·人——谈〈易传〉的生态哲学》，《周易研究》2000 年第 1 期，第 9 - 17 页。

② 蒙培元：《天·地·人——谈〈易传〉的生态哲学》，《周易研究》2000 年第 1 期，第 9 - 17 页。

③ 何晓：《究天人之际，成一家之言——蒙培元学术思想评介》，《当代儒学》第十辑，广西师范大学出版社 2016 年版，第 257 - 268 页。

种境地，或者叫'心境'，其特点是内外合一、主客合一、天人合一。"①
"近代以来，讲中国哲学的人，常常用西方哲学，特别是西方的实体论哲
学来分析中国哲学，结果，中国哲学的许多重要概念、范畴，如道、气、
阴阳、理、性、命、心等等，被说成是实体概念，而且要分出精神实体与
物质实体。但是，这样讲中国哲学，其实是有问题的"；"这样一来，中
国哲学的特色反而没有显出来，也就是说，实体论与境界论的区别没有显
出来"。② 笔者很赞同蒙先生的这个观点。"天人合一"这个命题，在实体
论的意义上是不能成立的，即人与天不可能合成一个实体，因为天是超凡
的，而人至多只能是超验的；这个命题唯有在境界论的意义上才是成立
的，即人可以通过自我超越，达到某种与天契合的精神境界。

---

① 蒙培元：《心灵超越与境界》，第 75 页。
② 蒙培元：《心灵超越与境界》，第 72－73、74 页。

中国哲学的情感进路

——从李泽厚"情本论"谈起[*]

【提要】在情感问题上，中国哲学，特别是儒家哲学，大致可以分为三大历史形态：先秦儒家哲学；宋明理学；转型时代儒家情感哲学的复兴。这种复兴伴随着中国社会和中国思想的"走向现代性"，大致可以分为三期：一是帝国后期中国哲学的情感进路；二是民国时期中国哲学的情感进路；三是改革开放以来中国哲学的情感进路。李泽厚和蒙培元是中国哲学情感进路当代复兴的先驱，而两者的差异是：李泽厚的思想是历史唯物论的，而蒙培元的思想则是儒学的。当前的情感哲学复兴存在着三个方面需要反思的问题：一是情感的存在者化问题；二是情感的价值中性问题；三是情感的超越问题。

毫无疑问，李泽厚是中国 20 世纪 80 年代最重要的思想家之一。事实上，许多人，包括我本人，都在 20 世纪 80 年代受到过他的思想启蒙。李泽厚的思想学术贡献是多方面的，"情感本体论"是其中最具有一般哲学

---

　* 本文作于 2022 年 6 月；原载《国际儒学》2023 年第 1 期，第 14－19 页。本文是作者 2022 年 6 月 29 日在第 22 届国际中国哲学大会"中西视域下的李泽厚哲学思想"专场会议的发言，原题为"李泽厚与中国哲学的情感进路"。

意义的部分。而情感问题，乃是中国哲学中的一个基础性问题。

我主要谈三点：一是简要地勾勒中国哲学的情感进路的历史；二是谈谈李泽厚"情本论"的历史定位；三是中国哲学情感进路的现状反思。

一、中国哲学情感进路的历史回顾

就情感问题而论，中国哲学，特别是儒家哲学，大致可以分为三大历史形态：

（一） 先秦儒家哲学的情感特征

自从《郭店楚简》发现以后，学界才普遍意识到：先秦儒家哲学原来并非宋明道学家所描述的那种"性本体论"，而是"情本体论"或者叫"情本源论"。最典型的文献，莫过于属于思孟学派的《性自命出》①。由此也可见，《中庸》这个文本也需要重新给予情感哲学的诠释。

我这里要强调指出一个事实：李泽厚的情感论述，同时还有我的导师蒙培元的"情感儒学"，实际上早于《郭店楚简》的出土和出版。② 因此，对于中国哲学情感进路的当代复兴来说，他们是先驱性的人物。

（二） 从唐代李翱到整个宋明理学的情感压抑

第二期儒学由韩愈、李翱开启，而形成整个宏大的宋明理学。这个儒学形态的基本特征，在情感观念的问题上，就是"性本情末""性体情

---

① 《性自命出》，载《郭店楚墓竹简》，荆门市博物馆编，文物出版社1998年版。

② 参见黄玉顺：《情感儒学：当代哲学家蒙培元的情感哲学》，《孔子研究》2020年第4期，第43-47页。文章指出："蒙培元的情感儒学早在20世纪80年代就形成了，最初提出'情感哲学'概念是写作于1986年、发表于1987年的论文《李退溪的情感哲学》。比较而言，中国古代文献中的强调情感、从而与蒙培元'情感哲学'形成呼应的《性自命出》在几年之后的1993年10月才出土，而《郭店楚墓竹简》更是十年之后的1998年5月才出版。"

用"，甚至"性善情恶"。① 这个儒学形态的时代背景，是帝制时代；因此，这个儒学形态基本上是"帝制儒学"。②

（三）转型时代的中国情感哲学复兴

其实，在宋明理学的晚期，至迟在明清之际，儒家哲学内部就开始了自我反思，而中国哲学的情感进路也随之开始复兴。

我们甚至可以说，阳明心学也具有情感哲学的色彩。例如他讲"良知"："知是心之本体，心自然会知：见父自然知孝，见兄自然知弟，见孺子入井自然知恻隐，此便是良知，不假外求。"③ 这里的"孝""悌"，尤其是"恻隐"，都是情感。（朱熹明确说过：恻隐是情，而不是性。④）

最典型的当然是戴震的哲学，他将程朱理学所谓的"天理"或"性理"视为情欲本身的"条理"，即只是"情之不爽失"，他说："理也者，情之不爽失也，未有情不得而理得者也"；"今以情之不爽失为理，是理者存乎欲者也"。⑤

中国哲学情理进路的复兴，其背景是中国社会的"内生现代性"或者叫"内源现代性"，指向人的解放和对人欲的肯定。这个问题，我有专文论述。⑥

---

① 参见黄玉顺：《爱与思——生活儒学的观念》（增补本），四川人民出版社 2017 年版，第 51-60 页；《面向生活本身的儒学——"生活儒学"问答》，载《面向生活本身的儒学——黄玉顺"生活儒学"自选集》，四川大学出版社 2006 年版，第 53-91 页。

② 参见黄玉顺：《儒学为生活变革而自我变革》，《衡水学院学报》2020 年第 6 期，第 4-9 页；《孟荀整合与中国社会现代化问题》，《文史哲》（英文版）第 6 卷第 1 期，第 21-42 页。

③ 王守仁：《传习录上》，《王阳明全集》，浙江古籍出版社 2010 年版，第 7 页。

④ 朱熹：《孟子集注·公孙丑章句上》，《四书章句集注》，中华书局 1983 年版，第 238 页。原文："恻隐、羞恶、辞让、是非，情也。仁、义、礼、智，性也。"

⑤ 戴震：《孟子字义疏证·理》，中华书局 1961 年版。

⑥ 参见黄玉顺：《论儒学的现代性》，《社会科学研究》2016 年第 6 期，第 125-135 页。

二、李泽厚"情本论"的历史定位

上述情理进路的复兴，伴随着中国社会和中国思想的"走向现代性"，一直延续到今天，大致可以分为三期：一是帝国后期中国哲学的情感进路，前面已经谈过了；二是民国时期中国哲学的情感进路，最典型的如朱谦之的"唯情论"、袁家骅的"唯情哲学"等，特别是梁漱溟的"新孔学"；三是改革开放以来中国哲学的情感进路。[①]

（一）李泽厚"情本论"的定性

李泽厚的"情本论"和蒙培元的"情感儒学"，即属于上述第三期情感进路的代表。因此，必须充分肯定：李泽厚为中国思想的现代转化和发展、为中国哲学情感进路的复兴作出了巨大的贡献。

不过，在我看来，李泽厚的"情本论"固然属于中国哲学的情感进路，却不属于儒家哲学的情感进路。关于李泽厚的"情本论"，我曾做过这样的定性：它是"出自美学思考，其思想立足点是20世纪80年代马克思主义哲学的'实践本体论'，把一切建立'在人类实践基础上'，属于历史唯物论性质的'人类学历史本体论'"[②]。

我紧接着特别指出：它并非儒学。当然，这是可以讨论的。

（二）李泽厚"情本论"与蒙培元"情感儒学"的比较

如上所说，20世纪80年代以来的中国哲学情感进路的当代复兴，实际上有两位哲学家是代表性、开创性的，一位是李泽厚，另一位则是蒙培元。

---

① 参见黄玉顺：《儒家的情感观念》，《江西社会科学》2014年第5期，第5-13页。
② 黄玉顺：《儒家的情感观念》，《江西社会科学》2014年第5期，第5-13页。

他们都将情感视为本体，然而却是两种截然不同的理解。李泽厚思想的定性，我刚才已谈过了；而蒙培元的思想，则无疑是儒家的，所以学界才称之为"情感儒学"①。

在蒙培元的"情感儒学"看来，"情可上下其说"②（这不是牟宗三的"心可上下其说"③）：往下说，"情"是作为自然情感的"真情实感"，谓之"诚"；往上说，"情"是"理性情感"（这是蒙培元独创的概念，而与戴震的思想一致），谓之"仁"，这是形而下的道德情感；以至达到最高境界、超越情理对立的、天人合一的情感，谓之"乐"，这是形而上的超越情感，乃是真善美的统一。这正是孔子所说的"下学而上达"④。

（三）李泽厚与蒙培元的影响

从 20 世纪 80 年代到今天，越来越多的儒家学者加入了情感进路复兴的行列，其中包括我本人，也包括悦笛教授。悦笛教授的"生活美学"，是"接着讲"李泽厚的"情本论""情感美学"，当然属于情感进路；我本人的"生活儒学"也属于情感进路，是"接着讲"蒙培元的"情感儒学"，进而把"生活感悟"中的"生活情感"视为一切存在者、包括形而上存在者的大本大源。

---

① 崔发展：《儒家形而上学的颠覆——评蒙培元的"情感儒学"》，载《中国传统哲学与现代化》，易小明主编，中国文史出版社 2007 年版，第 118－128 页；收入《情与理："情感儒学"与"新理学"研究——蒙培元先生 70 寿辰学术研讨集》，黄玉顺等主编，中央文献出版社 2008 年版，第 148－157 页。

② 蒙培元：《换一个视角看中国传统文化》，载《亚文——东亚文化与 21 世纪》第 1 辑，中国社会科学出版社 1996 年版，第 297－313 页；《心灵超越与境界》，人民出版社 1998 年版，第 45 页；《情感与理性》，中国社会科学出版社 2002 年版，第 19－21 页。

③ 牟宗三：《中国哲学十九讲》，上海古籍出版社 1997 年版，第 108 页。"'心'可以上下其讲。上提而为超越的本心，则是断然'理义悦心，心亦悦理义'。但是下落而为私欲之心、私欲之情，则理义不必悦心，而心亦不必悦理义，不但不悦，而且十分讨厌它，如是心与理义成了两隔。"另可参见蒙培元：《我的学术历程》，载《儒学中的情感与理性》，黄玉顺、任文利、杨永明主编，教育科学出版社 2008 年版，第 29－36 页。

④ 《论语·宪问》，《十三经注疏》，中华书局 1980 年版，第 2513 页。

　　仅就蒙培元的"情感儒学"而论，我本人就组织过几次全国学术研讨会，由此出版了几本学者文集：2008 年出版的《情与理："情感儒学"与"新理学"研究》①；同年出版的《儒学中的情感与理性》②；2018 年出版的《人是情感的存在》③；同年出版的《"情感儒学"研究》④。许多知名学者都表达了对蒙培元"情感儒学"的肯定，而表现出复兴中国哲学情感进路的趋向。

　　而对于李泽厚的"情本论"，学界这些年也表现出越来越浓厚的兴趣，发表了不少相关论文。安乐哲（Roger Ames）教授于 2016 年在夏威夷举办过李泽厚哲学思想的国际学术研讨会（我当时因为有事而未能与会）。⑤ 这届国际中国哲学大会又举办李泽厚专场，这些都有助于拓展李泽厚"情本论"的影响。

三、中国哲学情感进路的现状反思

　　目前为止，中国哲学情感进路的当代复兴，一方面具有拨乱反正，既回归儒学本真、又与现代性接榫的意义；但另一方面也存在一些问题，亟须加以反思，以求进一步拓展与深化。

---

　　① 《情与理："情感儒学"与"新理学"研究——蒙培元先生 70 寿辰学术研讨集》，黄玉顺等主编，中央文献出版社 2008 年版。

　　② 《儒学中的情感与理性——蒙培元先生七十寿辰学术研讨会》，黄玉顺等主编，现代教育出版社 2008 年版。

　　③ 《人是情感的存在——蒙培元先生 80 寿辰学术研讨集》，黄玉顺等主编，北京大学出版社 2018 年版。

　　④ 《"情感儒学"研究——蒙培元先生八十寿辰全国学术研讨会实录》，黄玉顺主编，四川人民出版社 2018 年版。

　　⑤ 参见黄玉顺：《关于"情感儒学"与"情本论"的一段公案》，《当代儒学》第 12 辑，广西师范大学出版社 2017 年版，第 173－177 页。

(一) 情感的存在者化问题

严格来说，将情感视为本体，这是一种很成问题的观念。根本的问题是将情感 "存在者化" 了，因为本体是一种存在者，即形而上的存在者。这就无法应对 20 世纪以来哲学思想前沿的基本问题：存在者何以可能？本体何以可能？形而上者何以可能？

这里顺便说说：很多学界朋友都将我的生活儒学所讲的 "生活" 理解为一种本体、形而上者，这是误解。生活不是本体、形而上者，而是一个前本体、前形而上学、为本体奠基的观念；生活不是任何存在者（any being），而是前存在者的存在（Being）。①

关于李泽厚的情感本体论，我曾说过：

> 这种本体论仍然是传统形而上学的思维模式，所以李泽厚批评海德格尔："岂能一味斥责传统只专注于存在者而遗忘了存在？岂能一味否定价值、排斥伦理和形而上学？回归古典，重提本体，此其时矣。"②

李泽厚的这个批评，恰恰表明了他与 20 世纪以来的思想前沿之间的隔膜，即未能走出传统本体论的视域。

在儒家哲学中，情感在两种意义上均非本体：一是在宋明理学中，本体是 "性"，而不是 "情"；二是在孔孟原始儒学中，"情" 是前存在者的存在，即是先于 "性—情" 这种存在者化的东西的存在，即并不是 "本体"，而是 "本源"。我严格区分 "本体" 和 "本源"：本体是形而上的

---

① 参见黄玉顺：《本体与超越——生活儒学的本体论问题》，《河北大学学报》2022 年第 2 期，第 1—6 页。

② 李泽厚：《人类学历史本体论》，天津社会科学院出版社 2010 年版，第 139 页；黄玉顺：《儒家的情感观念》，《江西社会科学》2014 年第 5 期，第 5—13 页。

"存在者",而本源则是前存在者的"存在"或曰"生活"及其情感显现。①

(二)情感的价值中性问题

作为本源的前存在者的情感,并非道德情感,而是价值中性的,所以才需要"发乎情"之后"止乎礼义"②。由情感而意欲、意志,由意志而行动、行为,这才进入道德层面、价值层面。

这恰恰说明,单纯的情感本体论或情感主义,其实是一把双刃剑。这就犹如海德格尔,他还原到前存在者的生存,即回溯到原始的价值中性的存在状态,这虽然能够解构旧的形而上学、从而有助于建构新的形而上学,但并不能保证必然导向"可欲"的价值(所以他才会与纳粹合作)。"可欲"指孟子所说"可欲之谓善"③。

鉴于海德格尔与纳粹的关系,有人在微信群里提出一个老生常谈的问题:"海德格尔的思想和行为之间是否一致?"这显然意在为海德格尔思想辩护。我的回答是:"'海德格尔的思想和行为之间是否一致'这个问法,已经蕴含了对他的思想的否定,因为只有两种可能:一致,意味着他的思想有问题;不一致,同样意味着他的思想有问题,即不是'生命的学问'。没人怀疑海德格尔的思想能力。然而结果如何?这就表明:存在着某种比思想能力更根本、更要紧、更要害的事情。"

且以儒家的"仁爱"情感来看,其中的"差等之爱"的情感必然导致利益冲突;解决这种冲突的情感路径只能是超越"差等之爱"而走向"一体之仁"④,即韩愈讲的"博爱"⑤。这里至少有两个环节:正义感

---

① 参见黄玉顺:《"生活儒学"导论》,《原道》第十辑,陈明主编,北京大学出版社2005年版,第95-112页。

② 毛亨:《诗大序》,见《十三经注疏·毛诗正义·周南·关雎》,第272页。

③ 《孟子·尽心下》,《十三经注疏》,第2777页。

④ 参见黄玉顺:《中国正义论纲要》,《四川大学学报》2009年第5期,第32-42页。

⑤ 韩愈:《原道》,《韩昌黎文集校注》,上海古籍出版社1986年版,第13页。

（义）与社会规范和制度（礼）。

海德格尔及存在主义者所关注的那些负面情感，特别是"他人即地狱"那样的情感体验，并不能导向可欲的价值规范及其制度。

所以，戴震并不仅仅简单地肯定"情欲"，因为情欲并不是"理"；他进一步强调"情之不爽失"，这才是"理"。这就是蒙培元所讲的"理性情感"（reasonable emotion）。

例如"自由"问题，真正彻底的自由观念，是意识到"他者的自由"；否则，势必导致"自我的自由"的否定。

这就是正义感，它会导出"主体间性"（inter-subjectivity），进而导向"公共理性"（public rationality）。

（三）情感的超越问题

蒙培元特别注重情感的超越问题，他的情感存在论，其实是情感境界论，境界的提升就是情感的自我超越。前面说过，他所说的"情可上下其说"，就是在讲情感的"下学而上达"。

但是，需要注意区分两种不同含义的超越（transcendence）[①]：

一种是人的超验性（transcendental，或译"先验"）。按照中国哲学情感进路的理解，而非西方哲学、康德哲学的理解，那么，这并不是在讲理性的超验性，而是情感本身的超验性。从生理心理的、经验的自然情感，到理性的情感、道德情感，乃至超越情理对立的情感，这就是情感的超验性。

另一种则是"天"或"帝"的超凡性（transcendent）。"人"的内在超验性（所谓"内在超越"）指向"天"的外在超凡性（所谓"外在超越"），这就是孟子讲的由"尽心"而"知性"、由"知性"而"知天"，

---

① 参见黄玉顺：《"超验"还是"超凡"——儒家超越观念省思》，《探索与争鸣》2021 年第 5 期，第 73 - 81 页。

其宗旨是"事天",而非"僭天"。①

这两种主体,即人与天的超越之间的连接,作为中国哲学"天人之际"问题的终极解决,就是"敬畏"的情感,即孔子所说的"畏天命"②。

在这方面,马克斯·舍勒的情感现象学值得参考,尽管他所讲的不是中国的"天"或"帝"之爱,而是基督教的"God"之爱。③

综上所述,在情感问题上,中国哲学,特别是儒家哲学,大致可以分为三大历史形态:先秦儒家哲学;宋明理学;转型时代儒家情感哲学的复兴。这种复兴伴随着中国社会和中国思想的"走向现代性",大致可以分为三期:一是帝国后期中国哲学的情感进路;二是民国时期中国哲学的情感进路;三是改革开放以来中国哲学的情感进路。李泽厚和蒙培元是中国哲学情感进路当代复兴的先驱,而两者的差异是:李泽厚的思想是历史唯物论的,而蒙培元的思想则是儒学的。当前的情感哲学复兴存在着三个方面需要反思的问题:一是情感的存在者化问题;二是情感的价值中性问题;三是情感的超越问题。

---

① 《孟子·尽心上》,《十三经注疏》,第2764页。参见黄玉顺:《"事天"还是"僭天"——儒家超越观念的两种范式》,《南京大学学报》2021年第5期,第54-69页。

② 《论语·季氏》,《十三经注疏》,第2522页。参见蒙培元:《蒙培元讲孔子》,北京大学出版社2005年版,第51-55页;《论朱子敬的学说》,《天水师范学院学报》2011年第4期,第1-12页。

③ 参见黄玉顺:《论"仁"与"爱"——儒学与情感现象学比较研究》,《东岳论丛》2007年第6期,第113-118页;《论"恻隐"与"同情"——儒学与情感现象学比较研究》,《中国社科院研究生院学报》2007年第3期,第33-40页;《论"一体之仁"与"爱的共同体"——儒学与情感现象学比较研究》,《社会科学研究》2007年第6期,第127-133页。

《蒙培元全集》介绍*

　　作为四川思想家研究中心的重大项目，《蒙培元全集》（全十八卷）是对蒙培元先生著述的首次全面的搜集、编辑、出版，收录了迄今所能搜集到的蒙培元先生的全部著述，包括专著、论文，以及其他文章、文字，如散文、诗歌等（未收书信）。这些著述，绝大多数是公开发表、出版过的；此外还收录了一些未公开发表过的文字，因为它们也是具有思想学术价值的。

　　蒙培元先生是中国当代著名的哲学家、中国哲学史家。蒙培元先生于1963年跟随著名哲学家冯友兰作研究生，1966年毕业于北京大学哲学系。1980年到中国社会科学院哲学研究所从事中国哲学研究，历任中国社科院哲学研究所研究员、研究生院教授、中国哲学研究室主任、中国哲学史学会副会长、《中国哲学史》杂志主编。同时，曾任美国哥伦比亚大学、哈佛大学访问教授，台湾"中研院"文哲所访问教授，香港中文大学客座教授等。蒙培元共发表论文近300篇，出版专著10部。

　　蒙培元先生的哲学思想的形成，是"以史出论"，即通过对中国传统

　　* 本文作于2022年6月23日；原载《当代儒学》第23辑，四川人民出版社2023年5月版，第311－315页。《蒙培元全集》（全十八卷），黄玉顺、杨永明、任文利主编，四川人民出版社2021年12月版。《全集》由四川省哲学社会科学重点研究基地——宜宾学院"四川思想家研究中心"资助出版。本文是四川思想家研究中心申报四川省哲学社会科学研究成果奖《申报书》的部分内容。

哲学的研究、叙述与诠释而呈现出来的，这充分体现在《蒙培元全集》之中：

第一卷是蒙培元先生 1980 年至 1988 年的文章，共 29 篇。这些研究成果主要是宋明理学的研究，提出了一系列新观点，当时即引起广泛关注。最值得注意的是，蒙培元先生此时已正式提出了"情感哲学"的概念，为蒙先生哲学的整体基本特征"情感儒学"确定了基调。

第二卷是蒙培元先生的第一部学术专著《理学的演变——从朱熹到王夫之戴震》（1984 年）。此书是宋明理学研究的重要学术成果，其研究理路的独创性在于"既不是从北宋的不同学派开始，也不是从理学奠基人二程开始，而是从南宋的朱熹开始，讲理学的历史演变"，揭示出理学在后来演变乃是出于朱熹理论体系的"内在张力"。

第三卷是蒙培元先生的另一部重要专著《理学范畴系统》（1989 年）。此书分为"理气""心性""知行""天人"诸篇，共二十五章，全面、系统、立体地呈现了宋明理学的庞大范畴体系。此书旨在提出并回答这样的问题："理学中有不同派别，各派之间又有不同体系和特点，究竟有没有一个统一的理学范畴系统？这个系统有什么特点？提出和讨论理学范畴系统这样的问题，有何意义？"此书的影响极大，至今仍然是中国哲学史研究、特别是宋明理学研究的必读参考文献。

第四卷是蒙培元先生的又一部重要著作《中国心性论》（1990 年）。此书不仅是蒙先生的研究对象的全面拓展，即从宋明理学拓展到横向的儒道佛、纵向的整个中国哲学史，而且独树一帜地将整个中国哲学传统概括为"中国心性论"，为后来"心灵哲学"的提出奠定了基础。

第五卷是蒙培元先生 1989 年至 1992 年的文章，共 31 篇。这些文章不仅是上述研究的进一步拓展与深化，而且正式提出了"心灵哲学"概念；尤其难能可贵的是基于现代性诉求，对中国哲学传统进行了深刻的反思。

第六卷是蒙培元先生的重要专著《中国哲学主体思维》（1993 年）。

这既是对当时整个中国哲学界"主体性"时代思潮的回应，"它不只是中国哲学的问题，更是世界哲学的问题"；更是对中国哲学传统特征的新概括的进一步深化，即确立"心性论"或"心灵哲学"的"主体"根基。

第七卷是蒙培元先生1993年至1997年的文章，共34篇。这些文章不仅在"主体心灵"——"心灵的开放与开放的心灵"范畴下，更为鲜明、全面、系统地阐发了中国哲学传统的"情感哲学"特征，更重要的思想推进是探索"心灵境界"，指明中国哲学不是实体论的，而是境界论的。

第八卷是蒙培元先生的重要专著《心灵超越与境界》（1998年）。此书的意义，顾名思义，不仅进一步揭示了中国哲学传统的"境界论"特征，而且揭示了中国哲学传统的"超越论"特征，即主体心灵通过自我超越而达到更高的精神境界。

第九卷是蒙培元先生1998年至2001年的文章，共47篇。这些文章不仅更进一步深化了"情感儒学"上述各个维度的思考，更重要的是关注"人与自然"问题，而将中国哲学传统的"天人之际""天人合一"思想阐发为一种"生态哲学"或"生态儒学"。蒙先生因此而成为当代儒家生态哲学探索的先驱。

第十卷是蒙培元先生与任文利教授合著的专著《儒学举要》（2002年）。此书从"历史概要"和"思想精要"两个维度上全面系统地介绍了儒家哲学。

第十一卷是蒙培元先生的重要专著《情感与理性》（2002年）。此书堪称蒙先生"情感儒学"哲学思想的最重要的代表作，全面系统地总结了作为"情感哲学"的中国哲学传统。

第十二卷是蒙培元先生2002年至2004年的文章，共49篇。这些文章是蒙先生情感哲学、特别是其中的"生态儒学"思想的进一步拓展与深化。

第十三卷是蒙培元先生的重要专著《人与自然——中国哲学生态观》

（2004年）。此书是蒙先生"生态儒学"的代表作，对于当代的儒家生态哲学研究具有开创性贡献。

第十四卷是蒙培元先生2005年至2007年的文章，共39篇。这些文章既是"生态儒学"的深化，也广泛涉及蒙先生哲学思想的方方面面。

第十五卷是蒙培元先生的两本专著《蒙培元讲孔子》（2005年）、《蒙培元讲孟子》（2006年）。这是蒙先生的孔孟儒学研究的总结性著作，同时也是其"情感儒学"及"生态儒学"的一种特定角度的总结，在读者中具有广泛影响。

第十六卷是蒙培元先生2008年至2009年的文章，共28篇。对于蒙先生的整个哲学思想的若干重要方面，这些文章具有回顾性和总结性。

第十七卷是蒙培元先生的最后一部专著《朱熹哲学十论》（2010年）。此书不仅总结了蒙先生的朱熹哲学研究，而且进一步提出了一系列新的论断，且与蒙先生的第一部专著《理学的演变——从朱熹到王夫之戴震》形成首尾呼应。

第十八卷是蒙培元先生2010年至2017年的文章，共43篇。这些文章不仅总结了包括"心灵哲学"和"生态儒学"等在内的"情感儒学"，而且可以看出蒙先生的哲学思想还在继续拓展与深化。

以上《蒙培元全集》共十八卷，充分展示了蒙培元先生的哲学思想体系的整体面貌，即凸显"主体""心灵""超越""境界"与"自然"等最重要的关键词，并由"情感"贯通起来，由此呈现出独具一格的"情感哲学"体系，学界称之为"情感儒学"。

《蒙培元全集》所体现的蒙培元先生的"情感儒学"哲学思想体系，包括其内在的次级理论"心灵哲学""情感境界论""境界超越论""生态儒学"等，是中国哲学研究的重大理论创新，即中国哲学传统的一种"创造性转化与创新性发展"，可谓是对两千年来儒家主流哲学之大翻转，尤其是颠覆了以宋明儒学为代表的"性本情末""性体情用"的观念架构，而回归孔孟的情感本源观念，实乃明清之际以来开启的儒家内部的现代转型的当代体现。

《蒙培元全集》具有重要的学术价值，因为它所阐发的"情感儒学"或"情感哲学"，包括"心灵哲学""情感境界论""境界超越论""生态儒学"等，是中国哲学、特别是儒家哲学的"创造性转化与创新性发展"的当代范例之一。

《蒙培元全集》同时具有重要的社会价值。例如，它所阐发的"生态儒学"思想，就是当今世界人类社会解决环境问题和生态问题时可资参考的非常重要的中国文化资源。

蒙培元先生的"情感儒学"，与他的导师冯友兰先生的"新理学"和他的后辈学者的"生活儒学"及"自由儒学"等一起，构成了当代中国哲学的"情理学派"，不仅在中国大陆和台湾等地区具有重要影响，而且在韩国及日本等具有国际影响。（参见《当代中国哲学的情理学派》，山东大学出版社 2021 年版）

1. 蒙培元先生的多篇文章，在韩国、日本的刊物上译载；专著《理学范畴系统》《中国心性论》《中国哲学主体思维》均出版了韩文版。

2. 迄今为止，学界研究和评论蒙培元哲学思想的文章，已经有近 200 篇（参见《蒙培元全集》第十八卷附录二"蒙培元研究文献总目"）。

3. 学界多次召开蒙培元哲学思想全国学术研讨会，并结集出版：《情与理："情感儒学"与"新理学"研究——蒙培元先生 70 寿辰学术研讨集》，中央文献出版社 2008 年版；《儒学中的情感与理性——蒙培元先生七十寿辰学术研讨会》，现代教育出版社 2008 年版；《人是情感的存在——蒙培元先生 80 寿辰学术研讨集》，北京大学出版社 2018 年版；《"情感儒学"研究——蒙培元先生八十寿辰全国学术研讨会实录》，四川人民出版社 2018 年版。

《生态儒学》编者前言[*]

当代著名哲学家蒙培元先生的思想，以"情感儒学"著称。"他的哲学思想有'主体''心灵''超越''境界'与'自然'这几个最重要的关键词，并由'情感'贯通起来"[①]；这就是说，"情感儒学"是一个总括的名称，其体系内部则有多方面的展开。其中最突出的面向，就是"情感哲学"、"心灵哲学"和"生态哲学"（即"生态儒学"），各自都可视为一个相对独立的思想体系。本书即蒙先生开创性的"生态儒学"的论文集。

在 2012 年发表的论文《儒学现代发展的几个问题》中，蒙先生提出"生态儒学"概念："目前的儒学研究，已开始突破已有的知识框架，向不同层面发展，并出现多元化的趋势，这是一种好现象。……随着研究的深入，出现了生态儒学，这是儒学研究和发展的新突破，具有重要意义。"[②] 但实际上，蒙先生的生态儒学研究早在 20 世纪 90 年代就已开始了，其标志是 1998 年发表的论文《人对自然界有没有义务》。只不过，

---

[*] 本文作于 2023 年 3 月；见《生态儒学——蒙培元"生态哲学"论集》，蒙培元著，黄玉顺编，四川人民出版社 2023 年 5 月版，第 1－2 页。

[①] 黄玉顺：《情感儒学：当代哲学家蒙培元的情感哲学》，《孔子研究》2020 年第 4 期，第 43－47 页。

[②] 蒙培元：《儒学现代发展的几个问题》，《北京大学学报》（哲学社会科学版）2012 年第 1 期，第 35－44 页。

蒙先生通常将自己的生态儒学称为"生态观"或"生态哲学"，如 1999
年发表的论文《从孟子"仁民爱物说"看儒家生态观》和《〈易传〉的
生态哲学》。

　　蒙先生的生态儒学的思想发展，大致经过以下几个阶段：

　　1. 多维的探索（1998 年—2002 年）。主要论文有：《人对自然界有没
有义务——从儒家人学与可持续发展谈起》《从孟子"仁民爱物说"看儒
家生态观》《怎样解决人与自然的关系——从孔子德性学说谈起》《天·
地·人——谈〈易传〉的生态哲学》《从孔孟的德性说看儒家的生态观》
《亲近自然——人类生存发展之道》《张载天人合一说的生态意义》《孔子
天人之学的生态意义》《从中西传统人权观念看人与自然的关系》。

　　2. 体系的雏形（2002 年—2003 年）。主要论文有：《为什么说中国哲
学是深层生态学》《中国哲学生态观论纲》《中国哲学的当代价值——从
生态学的观点看》《存一分"敬畏"之心》《朱熹哲学生态观》《关于中
国哲学生态观的几个问题》《人文与自然——孔子智慧的再阐释》。

　　3. 体系的完成（2003 年—2004 年）。标志性成果是：专著《人与自
然——中国哲学生态观》①。

　　4. 拓展的思考（2004 年—2015 年）。主要论文有：《"自然价值"将
成为 21 世纪的关键词》《从孔子思想看中国的生态文化》《倾听天命，敬
畏自然——今天怎样重新认识孔子》《仁学的生态意义与价值》《从中国
生态文化中汲取什么》《中国哲学生态观的两个问题》《从人物异同论看
朱熹的生态观》《何为"格物"？为何"格物"？——从"格物说"看朱
熹哲学生态观》《再谈中国生态哲学的几个问题》。

　　现将专著《人与自然》以外的所有文章集为一册，以便读者研读。

---

　　① 蒙培元：《人与自然——中国哲学生态观》，人民出版社 2004 年 8 月版。

儒学"心性"概念的哲学本质及其当代转化

——蒙培元"中国心性论"述评*

【提要】蒙培元在 20 世纪 80 年代提出的"中国心性论",将中国传统哲学的儒家、道家、佛家等都归入"心性论",这是一个独创的观点,既归纳了各家心性论的共性,又特别强调了儒家心性论的特性。"中国心性论"是当代哲学"情理学派"的产物,涉及"新理学""情感儒学""生活儒学",以及"自由儒学""心灵儒学"等。但是,对于蒙培元的情感儒学来说,"中国心性论"其实只是其早期的一个过渡性的观念。传统心性论其实并非所有儒家学派的思想,更非孔孟儒学的思想,而是宋明理学的一种哲学建构;它的哲学本质属于传统本体论的主体性哲学,因而必须接受当代哲学前沿思想的反思,即接受"主体性何以可能"的追问。因此,心性论的当代转化意味着解构旧的心性论,回溯到前主体性的生活情境,从而重建主体性及其心性,尤其是现代性的个体主体性。

心性论在传统儒学中占有极为重要的位置,然而唯其如此,它理当接

---

* 本文作于 2023 年 3 月;原载《浙江社会科学》2023 年第 6 期,第 106-112 页。

受当代哲学前沿思想的反思。谈到"心性论",笔者立即想起蒙培元先生的著作《中国心性论》。这本书对于研究心性论来说具有重要的价值,然而它是 1990 年在台湾出版的,大陆学者很少看到。① 所以,笔者想在这里介绍一下这本书,并加以评析,由此讨论传统儒学"心性"概念的哲学本质及其当代转化问题。

一、"中国心性论"与儒家哲学

蒙先生所说的"中国心性论",所指的不只是儒家哲学,而是整个中国传统哲学。《中国心性论》开篇就断言:"'心性论'是中国哲学的核心问题。它贯穿于中国古代哲学的始终,充分体现了中国传统哲学的特点。"② 把中国传统哲学的儒家、道家、墨家、杂家、佛家等各家各派都归入"心性论",这是蒙先生的一个独创的观点。

(一)中国心性论的共性

既然将中国传统哲学的各家都纳入"心性论",即意味着它们之间存在着一些基本的共性。中国佛学主要是心性论的,这应该没有疑问,"佛教哲学经过'格义'和'般若学'之后,也很快以心性为中心课题"③。但是,道家等其他各家都是心性论吗?这当然是可以讨论的问题。例如道家,蒙先生说:"儒家提倡道德主体论,道家则建立了与之相对的'自然'人性论";"道家所谓'自然',并不是作为认识物件的自然界,而是作为人的本体论根源或终极目的而存在的。因此它归根到底是要解决人的

---

① 蒙培元先生的这部《中国心性论》,目前已收录为《蒙培元全集》第四卷,四川人民出版社 2021 年 12 月版。

② 蒙培元:《中国心性论》,台湾学生书局 1990 年版,第 1 页。

③ 蒙培元:《中国心性论》,第 5 页。

问题，而不是什么自然哲学或宇宙论、认识论之类"。① 在这个意义上，道家哲学也是一种"心性论"。

但值得注意的是：蒙先生说"理学真正完成了中国古代心性论"②，言下之意，理学之前的中国哲学各派，其心性论都是尚未完成的，即并不全是心性论；尽管如此，他们都具有心性论的特征。蒙先生概括了各家心性论之间的四个共性：

> 一、与神本主义相对立的人本思想。它不仅以人为中心，而且以确立人的本体存在为根本任务。二、与认知理性相对立的实践理性（特别是道德理性主义）。表现为直觉、体验等存在认知以及对感性的超越和压抑。三、以突出"心"的能动作用为特征的主体思想，强调自我完成、自我实现和自我超越。四、以实现人和自然界的和谐统一为目的的整体思想。其最高理想是"天人合一"的精神境界。③

显然，蒙先生所说的"心性论"，主要是指的人本主义，"它是以人为本位的人本主义哲学，而不是以认识自然界为目的的纯粹思辨理性哲学，也不是以追求绝对超越的彼岸世界为目标的宗教哲学"④（这里关于中国哲学的超越观念的看法，可以商榷，详后）⑤。

（二）儒家心性论的特性

尽管讨论了上述共性，但蒙先生也强调了儒家心性论的特性。蒙先生

---

① 蒙培元：《中国心性论》，第47、4页。
② 蒙培元：《中国心性论》，第2页。
③ 蒙培元：《中国心性论》，第2页。
④ 蒙培元：《中国心性论》，第3页。
⑤ 黄玉顺：《中国哲学"内在超越"的两个教条——关于人本主义的反思》，《学术界》2020年第2期，第68-76页。

认为：

> 儒、道、佛三家各有自己的心性学说，也各自有其特点。简单地说，前期儒家有道德主体论和理智论、经验论两大流派，以前者居主导地位；但是他们都强调社会伦理意识及其价值。①
>
> 孔子的仁学思想，是中国心性论的真正开端。……几千年来，如何完成道德人格，实现理想境界，便成为儒家心性论的中心课题。直到理学阶段，仁不仅是人之所以为人的内在本性，而且被提升为自然界的根本法则，是天地"生生之道"。人性也就是天道。这就充分肯定了人的道德价值，确立了人的本体存在。②

简言之，蒙先生认为，儒家心性论的本质特征是道德人本主义；而且这里的"人本主义"不同于西方的"humanism"，这里的"人本"是说"以人为本"，意谓以人的心性为宇宙的本体。当然，这其实主要是宋明儒学的观念（详后）。③

二、"中国心性论"与情理学派

蒙先生的"中国心性论"是当代哲学"情理学派"的思想产物。所谓"情理学派"是指这样一个传承发展的哲学思想谱系：冯友兰先生的"新理学"、蒙先生的"情感儒学"和笔者本人的"生活儒学"，以及更进

---

① 蒙培元：《中国心性论》，第2页。
② 蒙培元：《中国心性论》，第3页。
③ 黄玉顺：《"事天"还是"僭天"——儒家超越观念的两种范式》，《南京大学学报》（哲学·人文科学·社会科学）2021年第5期，第54－69页。

一步发展出来的"自由儒学""心灵儒学"等。①

> 如果说，熊牟一系或可称之为"心性派"（熊多言心、牟多言性），那么，冯蒙一系则可称之为"情理派"（冯重理而亦论情、蒙重情而亦论理）。换句话说，冯蒙一系思想关怀的核心所在是存在—情感—境界问题，而情感（仁爱）则是其间的枢纽所在。所谓"情理"，含有两层意味：一是"情与理"，冯先生更注意这一层，主张以理性来"应付情感，以有情无我为核心"；二是"情之理"，蒙先生更注意这一层，指出"人是情感的存在"，并为此辩明冯先生的真实观点……②

有学者说，情理学派的思想主要表现在这四个方面："一、儒家情感哲学的新探索。在分析并批判先秦儒学、宋明儒学'情感'观念的基础上，提出建构新型儒家情感哲学；二、儒家伦理学与政治哲学的新推进。基于儒家政治哲学的基本原理，即'仁→义→礼'结构，来阐发一套以仁爱情感为本源、以个体观念为核心的现代价值观念体系，进而建构一套适应于当下现代性生活方式的社会规范及其制度；三、儒家功夫论与境界论的新概括。'情理学派'前三代学人所建构的'情理境界观'不仅呈现了儒家境界观、功夫论的现代转型历程，同时也表明这种转型在实质上乃是一种'情感论转向'；四、关于儒家经典诠释传统现代转型的新建构。在考察中国经典诠释观念的基础上建构新的诠释学理论，推动中国经典诠

---

① 胡骄键：《儒学现代转型的情理进路——以冯友兰、蒙培元、黄玉顺为中心》，《学习与实践》2019年第4期，第125-132页；张小星：《当代中国哲学情理学派的新开展——"情理哲学运动"述评》，《当代儒学》第20辑，四川人民出版社2021年版，第179-189页；崔罡、郭萍主编：《当代中国哲学的情理学派》，山东大学出版社2021年版。

② 黄玉顺：《存在·情感·境界——对蒙培元思想的解读》，《泉州师范学院学报》2008年第1期，第10-13页。

释传统的现代转型乃至'中国诠释学'的建立。"① 这样的概括，当然也是可以讨论的。

（一）"中国心性论"与"新理学"

蒙先生的"中国心性论"，是"接着讲"他的导师冯友兰先生的"新理学"②。这种"接着讲"，是蒙先生经过"中国心性论"的过渡而进入"情感哲学"建构的过程。

说到冯先生的"新理学"，人们往往只注意到"理"，而忽略了"情"。其实，冯先生也关注情感。例如，曾有学者指出："在冯友兰看来，哲学的特点就在于说不可说……'说'大致可以有如下几种形式，即描述（description）、表达（expression）、规定（prescription）。……表达是'说'主体内在情感、期望、意愿等等的方式……"③ 更有学者指出："在冯友兰对中国哲学的了解中，情感的来源和对待情感的方法是一个相当重要的问题。他对这个问题的了解，既是他把握中国哲学精神的重要进路，也影响了他的哲学思想的建构。"④

冯先生不仅关注情感问题，甚至可以说更重视情感，对此，已有学者进行了透彻的分析："冯友兰所开创的其实并非'理性'的进路，而是'情理'（情感—理性）的进路"；"新理学之'情感'与'理性'的关系亦可分为两个层次：在'有我之情'的层面，冯友兰是主张'以理化情'的"；"而在'天地境界'即'有情无我'层面，此时'情'恰恰是理性的完成与实现"；因此，冯先生的"'负的方法'实质是以情感体验、生

① 张小星：《当代中国哲学情理学派的新开展——"情理哲学运动"述评》，《当代儒学》第 20 辑，四川人民出版社 2021 年版，第 179－189 页。
② 黄玉顺：《研究冯友兰新理学的意义——冯友兰新理学研讨会致辞》，《当代儒学》第 20 辑，四川人民出版社 2021 年版，第 3－7 页。
③ 杨国荣：《存在与境界》，《中国社会科学》1995 年第 5 期，第 115－125 页。
④ 陈来：《有情与无情——冯友兰论情感》，载陈来：《现代中国哲学的追寻》，人民出版社 2001 年版。

活体验为中心的方法"。①

（二）"中国心性论"与"情感儒学"

事实上，"中国心性论"这个概念，蒙先生早在 1986 年就提出了，见其论文《浅论中国心性论的特点》②。当时，蒙先生的主攻方向是宋明理学，这项研究始于 1980 年发表的论文《论王夫之的真理观》③，1984 年出版了专著《理学的演变》④，1989 年出版了至今仍有广泛影响的专著《理学范畴系统》⑤。紧接着，蒙先生 1990 年就出版了专著《中国心性论》，这表明"中国心性论"是在研究宋明理学的过程中酝酿出来的。

而值得注意的是：蒙先生的"情感哲学"概念也是在此期间提出的，初见于 1987 年发表的论文《论理学范畴"乐"及其发展》⑥；同年发表的论文《论理学范畴系统》⑦，更是明确地提出了"儒家哲学就是情感哲学，其道德人性论是建立在情感之上的"判断；同年还发表了论文《李退溪的情感哲学》⑧；1994 年发表了论文《论中国传统的情感哲学》⑨；2002年出版了总结性的专著《情感与理性》⑩。

---

① 胡骄键：《儒学现代转型的情理进路——以冯友兰、蒙培元、黄玉顺为中心》，《学习与实践》2019 年第 4 期，第 125－132 页。

② 蒙培元：《浅论中国心性论的特点》，《孔子研究》1987 年第 4 期，第 52－70 页。原稿注明：1986 年 2 月 3 日稿，1987 年 6 月 14 日略作修改。

③ 蒙培元：《试论王夫之的真理观》，载《中国哲学史论文集》第二辑，山东人民出版社 1980 年版，第 384－404 页。

④ 蒙培元：《理学的演变——从朱熹到王夫之戴震》，福建人民出版社 1984 年版。

⑤ 蒙培元：《理学范畴系统》，人民出版社 1989 年版。

⑥ 蒙培元：《论理学范畴"乐"及其发展》，《浙江学刊》1987 年第 4 期，第 34－41页。

⑦ 蒙培元：《论理学范畴系统》，《哲学研究》1987 年第 11 期，第 38－47 页。

⑧ 蒙培元：《李退溪的情感哲学》，韩国退溪学研究院《退溪学报》1988 年第 58 卷，第 83－92 页；另见《浙江学刊》1992 年第 5 期，第 71－74 页。这是 1987 年 1 月在香港中文大学召开的第九届退溪学国际学术会议的论文。

⑨ 蒙培元：《论中国传统的情感哲学》，《哲学研究》1994 年第 1 期，第 45－51 页。

⑩ 蒙培元：《情感与理性》，中国社会科学出版社 2002 年版。

显而易见，对于蒙先生的情感儒学来说，"中国心性论"其实只是他早期的一个过渡性的观念：在"中国心性论"之前，是他的比较传统的宋明理学研究；在"中国心性论"之后，是他的独创的"情感哲学"或"情感儒学"①。

（三）"中国心性论"与"生活儒学"

如果说蒙先生的"情感儒学"是接着讲冯友兰先生的"新理学"，那么，笔者的"生活儒学"就是接着讲蒙先生的"情感儒学"。因此，在"生活儒学"中，传统儒学的心性论是必须加以处理的一个重要问题。

笔者最初对传统心性论的检讨，见于 2003 年发表的论文《重建第一实体》：

> 思孟学派创立的心学，经宋明新儒家（尤其是王阳明）……将人自身的心性设定为绝对自明的"原初所予"。但是正是这种类似于现象学的"还原"（reduction）蕴涵着内在的张力，那就是"道心"与"人心"、或"天理"与"人欲"的对立设置导致的自我悖逆：可以通过"经验直观"达到的人心人欲是个体性的，而只能通过"本质直观"才能达到的天理道心是非个体性的；但是这种本质直观活动本身，又只能通过个体行为来体证。这一点在宋明理学中的体现，那就是"本体"与"功夫"的紧张：本体作为非个体性的存在，作为性、作为理，只能通过本质直观才能领悟；但是这种领悟本身，却又必须通过个体经验性的功夫才能完成。这就存在着一个很大的问题：总是非个体性的本体，怎么可能通过总是个体性的功夫来达致？这非常类似胡塞尔

---

① 黄玉顺：《情感儒学：当代哲学家蒙培元的情感哲学》，《孔子研究》2020 年第 4 期，第 43－47 页；《蒙培元"情感哲学"略谈——蒙培元哲学思想研讨会暨〈蒙培元全集〉出版发布会致辞》，《当代儒学》第 22 辑，四川人民出版社 2022 年版，第 3－6 页。

对笛卡儿的质疑：个体经验的"我思"怎么可能到达本质的"存在"？这是不论西方还是中国的先验哲学都存在的一个理论困境。①

显然，这里对儒家的传统心性论的反思，是与对胡塞尔（Edmund Husserl）的意识现象学的反思一致的。胡塞尔说："个别的或经验的直观的所予物是一个个别的现象，本质直观的所予物是一种纯粹本质。"② 然而这里的紧张在于：那个进行着本质直观的直观者，毕竟是一个经验性的个体。怎样的个体竟然如此狂妄，宣称唯有"我"的经验是本质直观？

不仅如此，这个个体是一个存在者，因此，在当代思想前沿的视域下，这个存在者必须接受这样的追问：存在者何以可能？这个经验性的存在者何以竟然具有这样一种先验性的"心性"或"心灵"？对此，传统儒学的回答是"天命之谓性"③。然而问题在于："天命"或"天"仍然是一种存在者，因而也就仍然必须接受这样的追问：存在者何以可能？

超凡性的"天"是绝对存在者、绝对主体，经验性的个体是相对存在者、相对主体。正如胡塞尔的"'一切原则的原则'要求绝对主体性作为哲学之事情"④，传统儒学的"心性"，包括阳明所谓"心灵"，也是一种绝对主体性。这样的主体性何以可能？笔者曾谈道：

心灵的观念来自儒家心学的心性观念，它在今天被理解为一种先验的前设。……但是无论如何，心灵的实质是对人的主体性的设定。这就正如海德格尔在谈到传统的形而上学哲学的观念时

① 黄玉顺：《重建第一实体——在中西比较视野下的中国文化的历时解读》，《泉州师范学院学报》2003年第3期，第23-29页。
② 胡塞尔：《纯粹现象学通论》，李幼蒸译，商务印书馆1992年版，第52页。
③ 《礼记正义·中庸》，《十三经注疏》，中华书局1980年版，第1625页。
④ 海德格尔：《面向思的事情》，陈小文、孙周兴译，商务印书馆1999年第2版，第77页。

所说："什么是哲学研究的事情呢？……这个事情就是意识的主体性"；"作为形而上学的哲学之事情乃是存在者之存在，乃是以实体性和主体性为形态的存在者之在场状态"。① 所以，海德格尔曾经这样评论康德哲学："对形而上学本质的探讨就是对人的'心灵'诸基本能力之统一性的探讨。"② ……但是，根据当代哲学的观念，心灵、人的主体性这样的东西并非原初的或者源始的东西，而是一种形而上学的设定，它实际上有其来源。因此，我们可以对之发问：心灵本身何以可能？人的主体性何以可能？换句话说，心灵、人的主体性这样的东西本身还是尚待奠基的。③

通过对胡塞尔意识现象学的反思与批判，自然就走进了海德格尔（Martin Heidegger）的生存现象学：

胡塞尔现象学将会面临这样的两难：假如"生活世界"本来就是内在的纯粹先验意识的建构，那么这个世界如何可能发生危机？而如果"生活世界"本来是外在超越的实在，那么又如何可能根据内在意识去重建这个外在世界？这不是同样陷入了认识论困境吗？同样，儒家心学也将面临类似的问题：假如外在的"物"只是内在的"心"的建构，而且"心"本来是至善的，那么"物"的恶如何可能？而假如"物"本来是外在的实在，那么又如何可能根据内在的"良知"去"格物"？这也是"认识论困境"问题：在实在问题上，内在意识如何可能"确证"外在

① 海德格尔：《面向思的事情》，第76页。
② 海德格尔：《康德和形而上学问题》，邓晓芒译，见《海德格尔选集》，孙周兴选编，上海三联书店1996年版，第97页。
③ 黄玉顺：《唐君毅思想的现象学奠基问题——〈生命存在与心灵境界〉再探讨》，载《思想家》第一辑，巴蜀书社2005年版，第32-37页。

实在的客观存在？在真理问题上，作为主体的内在意识如何可能"切中"作为客体的外在实在？我所谓儒家的"伦理学困境"则是：在存在论基础上，内在的心如何可能确证外在的物的存在？在伦理学问题上，内在的心性良知如何可能格除外在的物的恶？先验哲学中所存在的这些根本问题，究其根源在于：良心、良知、良能、纯粹先验主体意识之类的先验前设缺乏某种基础，它们仍然是需要被奠基的。于是，海德格尔为传统存在论奠基的工作进入我们的眼帘。①

但是，在笔者看来，海德格尔的现象学也是不彻底的。刚才讨论的那个经验性的个体性的人，在他这里就是所谓"此在"（Dasein）。所以，笔者也曾对海德格尔现象学进行了批判：

> 海德格尔在这个基本问题上其实是自相矛盾的：一方面，存在是先行于任何存在者的，"存在与存在的结构超出一切存在者之外，超出存在者的一切存在者状态上的可能规定性之外"②，那么，存在当然也是先行于此在（Dasien）的，因为"此在是一种存在者"③；但另一方面，探索存在却必须通过此在这种特殊存在者，即唯有"通过对某种存在者即此在特加阐释这样一条途径突入存在概念"，"我们在此在中将能赢获领会存在和可能解释存在的视野"④。如果这仅仅是在区分"存在概念的普遍性"和我们"探索""领会""解释"存在概念的"特殊性"⑤，那还谈

---

① 黄玉顺：《儒家心学的奠基问题》，《湖南社会科学》2004 年第 1 期，第 36 - 39 页。
② 海德格尔：《存在与时间》，陈嘉映、王庆节译，生活·读书·新知三联书店 1999 年版，第 44 页。
③ 海德格尔：《存在与时间》，第 14 页。
④ 海德格尔：《存在与时间》，第 46 页。
⑤ 海德格尔：《存在与时间》，第 46 页。

不上自相矛盾；但当他说"存在总是某种存在者的存在"①，那就是十足的自相矛盾了，因为此时存在已不再是先行于任何存在者的了。②

通过对德国现象学的批判，同时通过对儒家传统心性论的反思，自然就走进了"生活儒学"：必须回溯到"前存在者"和"前主体性"的存在——生活、生活情境、生活感悟、生活情感，才能回答"存在者何以可能""主体性何以可能"的问题。

三、"中国心性论"与当代哲学

行文至此，可以对儒家"心性"概念加以定性了。这里所说的"当代哲学"，不限于中国哲学，更不限于儒家哲学，而是世界范围的当代哲学思想前沿。

（一）传统心性论的本质

这里对儒家"心性"概念的定性，意指对它进行历时性的历史定位和共时性的观念层级定位，以此揭示传统心性论的哲学本质。

1. "心性"概念的历史定位

汉语"心性"这个词语，魏晋时期已经出现，例如葛洪说："今先生所交必清澄其行业，所厚必沙汰其心性。"③ 不过，六朝以来，谈"心性"

---

① 海德格尔：《存在与时间》，第 11 页。
② 黄玉顺：《生活儒学关键词语之诠释与翻译》，《现代哲学》2012 年第 1 期，第 116 - 122 页。
③ 葛洪：《抱朴子·交际》，杨明照：《抱朴子外篇校笺》卷十六，中华书局 1991 年版，第 428 页。

最多的其实是佛学。例如禅宗说："心性不异，即心即性。"① 宋儒谈"心性"，其实是受此影响。余英时指出："新儒家（程朱理学——引者注）的出现，其与南北朝隋唐以来旧儒家的最大不同之处则在于心性论的出现。"② 这就是说，诸如"儒家心性论""中国心性论"这样的说法，未必就是对孔孟以来的全部儒家哲学的事实陈述；它其实只是宋儒对儒家哲学的一种认知。孔子只有一次提到"性"，即"性相近也，习相远也"③；而且并没有把"性"与"心"直接联系起来。孟子亦然，他虽然既谈"心"也谈"性"，但未必是宋儒所理解和解释的意思。

且以孟子而论，他所说的"心"，可以指情感，例如"中心悦而诚服也"④、"人皆有不忍人之心"⑤；可以指意欲，例如"丈夫生而愿为之有室，女子生而愿为之有家，父母之心，人皆有之"⑥；可以指思维，例如"心之官则思"⑦、"权，然后知轻重；度，然后知长短。物皆然，心为甚"⑧。尤其是情感性的"心"，他说："恻隐之心，仁之端也；羞恶之心，义之端也；辞让之心，礼之端也；是非之心，智之端也。……凡有四端于我者，知皆扩而充之矣，若火之始然、泉之始达。"⑨ 这里的"心"不仅不是"性"，而是"情"，诚如朱熹所说："恻隐、羞恶、辞让、是非，情也。仁、义、礼、智，性也。心，统性情者也。"⑩ 而且，这种"情"并

① 裴休：《黄檗山断际禅师传心法要》，见《大正新修大藏经》第48册，台北佛陀教育基金会1990年版，第380页。

② 余英时：《士与中国文化》，上海人民出版社1987年版，第482页。

③ 《论语·阳货》，《十三经注疏》，中华书局1980年版，第2524页。

④ 《孟子·公孙丑上》，《十三经注疏》，第2689页。

⑤ 《孟子·公孙丑上》，《十三经注疏》，第2690页。

⑥ 《孟子·滕文公下》，《十三经注疏》，第2711页。

⑦ 《孟子·告子上》，《十三经注疏》，第2753页。

⑧ 《孟子·梁惠王上》，《十三经注疏》，第2670-2671页。

⑨ 《孟子·公孙丑上》，《十三经注疏》，第2691页。

⑩ 朱熹：《四书章句集注·孟子·公孙丑上》，中华书局1983年版，第238页。

非所谓"性之所发",倒是"性"的发端、本源。①

与此问题相关,笔者看到"心性论"有一种英译,是"mind-nature theory"。这里的"mind"其实并不确切,因为这个英文词的基本含义是头脑、大脑,思维、思考能力,思维方式。这就是说,"mind"的基本含义侧重于认知,特别是理性思维,而缺乏汉语"心"所具有的情感、意欲的意义。与汉语"心"相对应的英文词,应该是"heart",它涵盖了情感、意欲、认知、理性等。

不仅如此,孟子其实也并没有将"情"与"性"截然划分、对立起来。例如,他说:"牛山之木尝美矣,以其郊于大国也,斧斤伐之,可以为美乎?……人见其濯濯也,以为未尝有材焉,此岂山之性也哉!虽存乎人者,岂无仁义之心哉?其所以放其良心者,亦犹斧斤之于木也,旦旦而伐之,可以为美乎?……人见其禽兽也,而以为未尝有才焉者,是岂人之情也哉!"② 这里的"岂山之性也哉"与"岂人之情也哉"是相互对应的:"情"兼指"性"以及"情实"(实情、事情的本质)。③

但是,到了宋明理学,却有了一个关于"心性"的基本命题,叫作"心统性情"④。这个命题大致是说:心具有性和情两个层面,未发为性,已发为情。这是宋明理学的一个基本的观念架构,就是"性—情"架构,其基本含义是"性本情末""性体情用",甚至"性善情恶"。我们知道,蒙先生的情感儒学颠覆了这种架构,将情感置于更加本源的地位。⑤ 这且不论。按宋明儒学,性与情统属于心。鉴于情有善恶,逻辑上必须讲心有

① 黄玉顺:《爱与思——生活儒学的观念》(增补本),四川人民出版社2017年版,第51-72页。

② 《孟子·告子上》。《十三经注疏·孟子注疏》,中华书局1980年影印本。

③ 黄玉顺:《儒家的情感观念》,《江西社会科学》2014年第5期,第5-13页。

④ 张载:《性理拾遗》,《张载集》,章锡琛点校,中华书局1978年版,第374页;朱熹:《朱子语类》卷五,黎靖德编,中华书局1986年版,第93页。

⑤ 黄玉顺:《情感儒学:当代哲学家蒙培元的情感哲学》,《孔子研究》2020年第4期,第43-47页;《"情感超越"对"内在超越"的超越——论情感儒学的超越观念》,《哲学动态》2020年第10期,第40-50页。

善恶，于是就有所谓"道心"与"人心"之分，"道心"对应于"性"，"人心"对应于"情"。这里再次强调：这并不是孔孟的"性""情"观念。

2. "心性"概念的观念层级定位

这就涉及当代哲学的一个根本观念问题。"心"总是人之心，这就是说，"心性"是一个典型的主体性观念。这正如上文所引的海德格尔对传统哲学的判定：传统本体论哲学的核心观念就是主体性观念：要么是形而下的人的相对主体性，要么是形而上的本体的绝对主体性。蒙先生也指出：中国心性论"以揭示主体精神、主体意识为特征"①。但是，主体是一种存在者，即主体性的存在者，而不是先于存在者、给出存在者的存在。因此，今天，传统"心性"观念必须面对当代哲学前沿思想的根本性的追问：存在者何以可能？主体性何以可能？心性何以可能？

宋明儒学所谓"心"不仅是人心，而且是宇宙万物之心，即是本体；换言之，就"心"之"性"而论，宋明理学的"心性"概念既是相对主体性概念，又是绝对主体性概念。尽管程朱以"性"为本体，陆王以"心"为本体，两者有所区别，但无论如何，这样的本体仍然是一个存在者、主体性的观念，即仍然要面对"存在者何以可能""主体性何以可能"的追问。

所以，在笔者看来，在今天的哲学思想前沿的视域下，"心性"绝非原初的具有终极奠基意义的观念，而是一个有待奠基的观念。这正如海德格尔对康德哲学的质疑：康德"对形而上学本质的探讨就是对人的'心灵'诸基本能力之统一性的探讨"②；"在他那里没有以此在为专题的存在论，用康德的口气说，就是没有先行对主体之主体性进行存在论分析"③。传统心性论与康德哲学一样，"没有先行对主体之主体性进行存在论分

---

① 蒙培元：《中国心性论》，第1页。
② 海德格尔：《康德和形而上学问题》，见《海德格尔选集》，第97页。
③ 海德格尔：《存在与时间》，第28页。

析",即没有追问"主体性何以可能",亦即没有追溯到"前主体性"的本源存在。

(二)心性论的当代转化

笔者想再次强调:"中国心性论"只是蒙先生早期思想中的一个过渡性的概念。蒙先生对传统心性论是有所警惕的,他当时就指出:古代心性论"反映了中国封建社会以农业自然经济为基础,以家族血缘关系为纽带的社会结构的特点";"它片面地发展了人的伦理道德属性"。① 这是蒙先生对传统心性论的一种反思和批判,旨在促使其发生现代性的转化。

1. 解构:旧心性论的前现代性
关于蒙先生对宋明理学心性论的反思,且看下面这段论述:

> 这种学说,无非是把封建社会以尊卑贵贱等级秩序为核心的伦理关系扩大到整个宇宙,以作本体论的论证。就其现实性而言,它是"爱有差等"的,是以绝对服从为支撑点的。所谓真正的"爱人",只能是一种空想或理想。但它从心性论上确认,仁是人的本质所在,是一种最高的权利和义务,也是人的尊严和价值之所在。……不是神,而是人,才是自然界的主人;是宇宙的中心,是社会的主体。正因为如此,在中国一直没有发生像西方那样的宗教运动;但是也没有出现西方那样在上帝面前人人平等的思想。②

这样的反思,可谓相当深刻,涉及这样两个重大问题:
一是心性论的时代性问题。蒙先生说,传统心性论"无非是把封建社

① 蒙培元:《中国心性论》,第3、5页。
② 蒙培元:《中国心性论》,第6页。

会以尊卑贵贱等级秩序为核心的伦理关系扩大到整个宇宙，以作本体论的论证"，这就是说，作为形上学的传统心性论，本质上是形而下的前现代社会生活的反映。那么，当我们今天"走向现代性"、趋向现代生活方式的时候，这种旧的心性论显然已经不合时宜；我们必须以现代性的生活方式作为大本大源，重建心性论，即建构一种新型的心性论。

二是心性论的超越性问题。这里所说的"超越"（transcendence）是宗教与哲学中的一个重要概念，近年受到特别关注①，它涉及内在心性的超验性（transcendental）和外在本体的超凡性（transcendent）及其关系。②蒙先生说，传统心性论使得"中国一直没有发生像西方那样的宗教运动；但是也没有出现西方那样在上帝面前人人平等的思想"，这实际上直接触及了宋明理学的一个核心问题，即用人的心性的超验性取代了天的超凡性，用"人本主义"取代了孔孟儒学的"天本主义"，亦即笔者所说的"以人僭天"。③ 这种所谓"内在超越"的思想进路，带来了若干严重的问题。④ 蒙先生的反思，实际上揭示了形而上的超凡存在者（"天""帝"）与形而下的人的现代"平等"价值之间的必然联系。为此，笔者才呼吁外在超凡性的"天"的"重建"。⑤

2. 还原：前主体性的生活情境

上述"重建"的前提，乃是"还原"，即回溯到前主体性的生活情

---

① 黄玉顺：《唯天为大——生活儒学的超越本体论》，河北人民出版社 2022 年版。

② 黄玉顺：《"超验"还是"超凡"——儒家超越观念省思》，《探索与争鸣》2021 年第 5 期，第 73－81 页。

③ 黄玉顺：《"事天"还是"僭天"——儒家超越观念的两种范式》，《南京大学学报》（哲学·人文科学·社会科学）2021 年第 5 期，第 54－69 页。

④ 黄玉顺：《中国哲学"内在超越"的两个教条——关于人本主义的反思》，《学术界》2020 年第 2 期，第 68－76 页。

⑤ 黄玉顺：《生活儒学的内在转向——神圣外在超越的重建》，《东岳论丛》2020 年第 3 期，第 160－171 页；《重建外在超越的神圣之域——科技价值危机引起的儒家反省》，《当代儒学》第 17 辑，四川人民出版社 2020 年版，第 25－30 页；《神圣超越的哲学重建——〈周易〉与现象学的启示》，《周易研究》2020 年第 2 期，第 17－28 页。

境——"回到生活本身"。① 对于我们来说，这种生活情境就是现代性的生活方式；与此相对的，则是前现代的生活方式。

蒙先生所说的传统心性论"把封建社会以尊卑贵贱等级秩序为核心的伦理关系扩大到整个宇宙，以作本体论的论证"，意味着：传统心性本体论那种形上学的建构，实际上是前现代的形而下的生活方式的一种观念产物，所以必须加以"解构"，进而加以"还原"，回到我们的当下生活。

3. 建构：新心性论的个体精神

上述"还原"的目的，乃是"建构"；对于旧的心性论来说，这是心性论的"重建"，即重建主体性，亦即重建主体的"心性"。

在这个问题上，蒙先生特别强调个体精神。他指出："明中期以后，出现了以重视个体的感性存在为特征的批判思潮；但是未能发展出近代意义上的心性思想。"② 这里的"近代"即"现代"，两者其实是同一个词"modern"的汉译。显然，在蒙先生看来，现代意义的"心性"观念，就是"重视个体的感性存在"。

在蒙先生看来，传统心性论中其实也有一些个体精神的观念。例如，"道家则提倡以个人为本位的自我发展、自我解脱的本体论"，"有深刻的批判精神"。③ 蒙先生指出，儒家传统中也有个体精神的存在，但是并不充分：

> 这种自主自律的思想，虽然包含着个性发展的思想萌芽（特别在王阳明后学中，表现得比较突出），但它并不是真正提倡个性或个体人格的独立发展，它仍然被笼罩在伦理主义的帷幕之中。因为它所说的主体，是被固定在一定的社会伦理关系中的社

① 黄玉顺：《如何获得新生？——再论"前主体性"概念》，《吉林师范大学学报》（人文社会科学版）2021年第2期，第36-42页。
② 蒙培元：《中国心性论》，第2页。
③ 蒙培元：《中国心性论》，第4页。

会主体,其主体意识,只能是社会的群体意识或整体意识。其主体作用,即在于完成伦理型的道德人格以维护社会的整体和谐。这种思想,一方面强调人的社会责任感,提倡人的主动精神;另方面,又把人束缚在固定不变的社会等级关系之内,限制了个体的独立性和创造性的发展。就其现实性而言,只能是对现存的伦理等级关系的绝对服从,并把这种服从变成自觉的行动。它缺乏个体的、感性的、活生生的内在动力。从这个意义上说,它的主体思想有严重局限性。①

不得不说,蒙先生对传统心性论的反思是十分深刻的。不仅如此,这种反思抓住了问题的根本要害:确实,现代性的核心价值正是个体性。②据此,我们可以说:蒙先生为儒家心性论的现代重建指明了方向。

---

① 蒙培元:《中国心性论》,第 12 - 13 页。
② 黄玉顺:《论儒学的现代性》,《社会科学研究》2016 年第 6 期,第 125 - 135 页;《论阳明心学与现代价值体系——关于儒家个体主义的一点思考》,《衡水学院学报》2017 年第 3 期,彩插第 4 - 7 页;《儒家文化复兴需彰显个体价值》,《南方周末》2017 年 1 月 5 日。

情感儒学：中国哲学现代转化的一个范例

——蒙培元哲学思想研究[*]

伴随着中国社会自身的现代性转化，包括儒家哲学在内的中国哲学也在发生不同程度的现代性转化：这个历史进程的开端可以追溯到近代，甚至追溯到明清之际，乃至有学者追溯到"西学东渐"之前的"唐宋变革"时期；最近两个发展阶段，即 20 世纪的现代新儒家哲学和 21 世纪的当代新儒家哲学。其中，从冯友兰的"新理学"到蒙培元的"情感儒学"及其后学是重要的一系，有学者称之为现代中国哲学的"情理学派"[①]。

蒙培元在其数十年的研究工作中（从 1980 年的论文《论王夫之的真理观》[②]，到 2017 年的访谈《情感与自由》[③]），不仅以其扎实的学术功力重新梳理了儒家哲学史、中国哲学史，而且以其深刻的思想洞见形成了自己独立的哲学思想体系"情感哲学"（学界称为"情感儒学"），包括其中

---

   * 本文作于 2023 年 8 月；原刊《光明日报》理论版 2023 年 9 月 11 日"文史哲"周刊（原刊删去了文献注释）。

   ① 崔罡、郭萍主编：《当代中国哲学的情理学派》，山东大学出版社 2021 年版。

   ② 蒙培元：《论王夫之的真理观》，载《中国哲学史论文集》第二辑，山东人民出版社 1980 年版。

   ③ 蒙培元、郭萍：《情感与自由——蒙培元先生访谈录》，《社会科学家》2017 年第 4 期。

涵摄的次级理论"心灵哲学"和"生态儒学"①。

儒家情感哲学传统的"接着讲"

众所周知，冯友兰有"照着讲"和"接着讲"的著名说法：前者指哲学史的客观研究，如冯友兰的"中国哲学史"系列研究；后者则指哲学思想体系的理论原创，如冯友兰的"新理学"建构。

蒙培元作为冯友兰的嫡传，遵循了这个师承的传统：其"照着讲"是从宋明理学研究入手，代表作《理学的演变》（1984年）、《理学范畴系统》（1989年）、《朱熹哲学十论》（2010年），扩展到整个中国哲学研究，代表作《中国心性论》（1990年）；其"接着讲"是形成自己的哲学思想，代表作《中国哲学主体思维》（1993年）、《心灵超越与境界》（1998年）、《情感与理性》（2002年）、《人与自然——中国哲学生态观》（2004年）。

应注意的是：蒙培元的"接着讲"尽管广泛涉及诸多领域的哲学思想建构，却有一个思想核心一以贯之，那就是"情"的彰显，即赓续并发展了儒家的情感哲学传统。

蒙培元当然首先是"接着讲"冯友兰的"新理学"。学界长期存在一个误解，以为冯友兰只重"理"不重"情"。其实不然，冯友兰是重视情感的。② 蒙培元曾指出，"冯友兰虽然是理性主义者，却又是重视情感的"③；"决不能将其归结为理性主义认识论。这其中，有'存在'层面的问题，有本体论的问题。就认识而言，还有直觉感受和情感体验的问题，

---

① 蒙培元：《生态儒学：蒙培元"生态哲学"论集》，黄玉顺编，四川人民出版社2023年版。

② 陈来：《有情与无情——冯友兰论情感》，载氏著《现代中国哲学的追寻》，人民出版社2001年版。

③ 蒙培元：《从英语世界返回的"中国哲学"——评赵译本〈中国哲学简史〉》，《中华读书报》2004年4月21日。

不单是概念分析";"冯先生对'心灵'有一个看法，认为：'我们人的心，有情感及理智两方面。'冯先生是理性主义者，他认为，精神境界主要是认识而认识以理智认识为主，但又不仅仅是认识，还要有情感体验。中国哲学'折中于此二者之间，兼顾理智与情感'";"境界作为人心灵的存在状态，既包括理智的'理解'，又包括情感的'态度'"。① 已有学者指出，在冯友兰那里，"如果说了解'真际'需要的是理性的、逻辑的方法，即'正的方法'，那么，贯通'真际'与'实际'、达致人生境界的'天地境界'，需要的则是将'正的方法'与'负的方法'（即体验的、情感的方法）结合起来";"'负的方法'既是情感的方法，也是消解主体性的方法。消解掉主体性，获得'内外合一''天人合一'的境界，冯友兰采用的正是情感的进路"。②

进一步说，蒙培元亦如其师冯友兰，也是首先"接着讲"宋明理学。正是在对宋明理学的独特理解和深度诠释中，蒙培元提炼和发挥出了自己的情感哲学。在 1987 年的论文《论理学范畴"乐"及其发展》中，蒙培元首次提出了"情感哲学"的概念，即"乐作为理学家所追求的最高境界，和诚、仁一样，都是以情感为基础，是一种情感哲学";同年发表的论文《论理学范畴系统》，明确提出了"儒家哲学就是情感哲学"。

不仅如此，蒙培元的"接着讲"其实是上接孔孟儒学。这里涉及儒学情感哲学传统的历时演变，可分三大历史形态：先秦的儒家情感哲学，以孔孟哲学的情感本源观念为代表；帝制时代"性本情末""性体情用"的情感贬抑，以宋明理学为代表；明清之际以来的儒家情感哲学复兴。③由此可见，蒙培元的情感儒学乃是一种"否定之否定"。所以，蒙培元指

---

① 蒙培元：《冯友兰对中国哲学的贡献——从"求真"与"求好"说起》，《博览群书》2005 年第 11 期。

② 胡骄键：《儒学现代转型的情理进路》，《社会科学文摘》2020 年第 1 期。

③ 黄玉顺：《儒家的情感观念》，《江西社会科学》2014 年第 5 期，第 5－13 页。

出："回到孔子，而不是承接宋儒，我认为是至关重要的。"① 关于孔孟思想的情感哲学性质，蒙培元指出："孔子的仁学实际上是情感哲学，孔子的知识学实际上是知情合一之学，知者知其仁，仁者践其仁"②；"儒家的情感哲学如果能够用一个字来概括，那就是'仁'，儒学就是仁学"，"奠定这一基础的是儒学创始人孔子"；孟子"这种'知爱其亲'、'知敬其兄'之'知'，应该说就是'良知'，但真正说来仍然是一种情感的反应，或者说是一种情感意识"。③

独创的"情感儒学"哲学建构

蒙培元指出："情感是重要的，但是将情感作为真正的哲学问题来对待，作为人的存在问题来对待……成为解决人与世界关系问题的主要话题，则是儒家哲学所特有的。这里所说的'哲学问题'，不是指哲学中的某一个问题，或哲学中的一个分支（比如美学或伦理学），而是指哲学的核心问题或整个哲学的问题。"④ 为此，他发表了一系列论著，特别是论文《李退溪的情感哲学》（1988年）、《论中国传统的情感哲学》（1994年）、《中国的情感哲学及其现代意义》（1995年）、《中国哲学中的情感问题》（2000年）、《漫谈情感哲学》（2001年）、《情感与理性》（2001年）、《中国情感哲学的现代发展》（2002年）、《人是情感的存在——儒家哲学再阐释》（2003年）、《理性与情感——重读〈贞元六书〉〈南渡集〉》（2007年）、《中国哲学中的情感理性》（2008年）、《情感与自由——蒙培元先生访谈录》（2017年）；出版了专著《情感与理性》

---

① 蒙培元、陈明：《当代儒学研究中的诸问题——蒙培元、陈明对话录》，《北京青年政治学院学报》2009年第1期。

② 蒙培元：《孔子的知、情合一说》，2000年5月27日在台湾华梵大学第四次儒佛会通学术研讨会的演讲；载《蒙培元全集》第九卷，四川人民出版社2021年版。

③ 蒙培元：《情感与理性》，中国社会科学出版社2002年版，第310、311、53页。

④ 蒙培元：《漫谈情感哲学》，《新视野》2001年第1期、第2期。

（2002 年）。

（一）情感的存在论意义

尽管蒙培元说"所谓情感哲学，是说它一直很重视人的情感体验"①，但实际上他是将情感作为"存在"（Being）问题来看待的，这不仅限于"人的存在"或"心灵的存在"，而且指宇宙万物的存在；因此，他的情感论本质上是一种"情感存在论"。

1. 情感与人的存在

这方面的代表作，即著名的论文《人是情感的存在》。② 蒙培元指出："儒家哲学是一种情感哲学，情感（特别是道德情感）被看作是人的最基本的存在方式"③；必须"把情感放在人的存在问题的重要地位甚至中心地位，舍此不能讨论人的问题。换句话说，对于人的存在而言，情感具有基本的性质，情感就是人的最基本的存在方式。正是在这个意义上，我们称儒家哲学为情感哲学或情感型哲学"④。

因此，蒙培元指出："我们发现，情感是全部儒学理论的基本构成部分，甚至是儒学理论的出发点。通过对情感与意志、欲望、知识，特别是情感与理性的关系问题的探讨，我们发现，所谓意志、欲望、知识等，都与情感有关，而且在很大程度上是由情感需要、情感内容决定的。这也就是说，儒家将情感与意志结合起来，结果发展出'情意'哲学；儒家又将情感与认识结合起来，以情感为其认识的动力与内容，结果发展出'情

---

① 蒙培元：《略谈儒家关于"乐"的思想》，载《中国审美意识的探讨》，宝文堂书店1989 年版。

② 蒙培元：《人是情感的存在——儒家哲学再阐释》，《社会科学战线》2003 年第 2期。

③ 蒙培元：《情感与理性》，台湾《哲学与文化》第二十八卷十一期，2001 年 11 月版。

④ 蒙培元：《中国哲学中的情感问题》，2000 年 5 月在台湾某大学发表的演讲；载《蒙培元全集》第九卷，四川人民出版社 2021 年版。

知'之学。"①

正因为如此，在蒙培元看来，不仅道德与宗教的善、艺术的美，而且科学的真，本质上都是情感问题。他通过对康德情感观念的批判而指出："如果说中国传统哲学只是主张感性情感，仅在经验心理学的层面，那当然是错的。正好相反，中国传统哲学所提倡的，是美学的、伦理的、宗教的高级情感。"② 这是因为："认识、意志同情感都有联系，德性之知和道德意志归根到底是由情感决定的，正是在这个意义上，我们将儒家哲学称之为情感哲学。"③ 并指出："情感哲学说到底是价值哲学，情感需要是价值之源，情感态度是价值选择的重要尺度，情感评价是价值评价的重要依据。任何价值哲学都离不开主体的情感因素，包括真理价值与科学价值。"④

但蒙培元并不否认感性情感、心理情感、自然情感，而是极为重视生活经验中的这种"真情实感"。他说："孔子作为儒家创始人，特别看重人的'真情实感'，认为这是人的最本真的存在。所谓'真情'，就是发自内心的最原始最真实的自然情感；所谓'实感'，就是来自生命存在本身的真实而无任何虚幻的自我感知和感受。……'真情实感'是人所本有的，也是人所特有的，是最原始的，又是最有价值意义的，人的存在的价值和意义即由此而来"⑤；"孔子的'仁学'是建立在伦理之上的，而伦理是建立在个人的'真情实感'之上的。对此，孟子进行了充分发挥，论证了心理情感如何是'仁'的基础"；"只要出于'真情实感'，就是有

---

① 蒙培元：《情感与理性》，自序，第2页。
② 蒙培元：《论中国传统的情感哲学》，《哲学研究》1994年第1期。
③ 蒙培元：《情感与理性》，第310页。
④ 蒙培元：《论中国传统的情感哲学》，《哲学研究》1994年第1期。
⑤ 蒙培元：《中国哲学中的情感问题》，2000年5月在台湾某大学发表的演讲；载《蒙培元全集》第九卷，四川人民出版社2021年版。

意义有价值的，也是最真实的"，"这是一切道德的基础"。①

为此，不同于牟宗三的"心可上下其说"之论，蒙培元提出"情可上下其说"的命题。他说："情可以上下其说，既有理性化的道德情感，又有感性化的个人私情。"②往下说，情感是生活的"真情实感"；往上说，情感是具有形上学本体论意义的"超越情感"。这种"上下其说"，蒙培元以儒学的三个关键词来概括情感的三个层次："诚"是"真情实感"，"仁"是"道德情感""理性情感"，"乐"是"超越情感"。

2. 情感与存在论的观念

实际上，蒙培元所讲的"情感"远不仅仅是形下学的范畴，也是形上学、存在论层级的问题；并且，这种存在论不只是传统的"本体论"（ontology），还蕴含着当代"存在论"（Being Theory）的意味。为此，他对"存在论"与"本体论"是有所区分的，例如他说，"人的主体意识和观念，便具有本体论与存在论的意义"③；专著《情感与理性》"最大特点是，不是从所谓本体论、认识论的立场研究儒家哲学，而是从'存在论'的观点研究儒家哲学"④。

这就是说，蒙培元所说的"情感的存在"，不仅指人的存在，而且指宇宙的存在、天地万物的存在。他说："人与万物是一个和谐的生命整体或共同体，人与万物不分贵贱，'浑然一体'，这是存在论的'一体'。"⑤这种"存在"乃是人与自然的"共在"。因此，他在评论海德格尔和老子

---

① 蒙培元：《情感与理性》，台湾《哲学与文化》第二十八卷十一期，2001年11月版。

② 蒙培元：《中国的德性伦理有没有普遍性》，《北京社会科学》1998年第3期。

③ 蒙培元：《主体思维》，《中国传统哲学思维方式》第一章，蒙培元主编，浙江人民出版社1993年版。

④ 蒙培元：《〈情感与理性〉提要》，见《专著提要》，2007年；载《蒙培元全集》第十四卷，四川人民出版社2021年版。

⑤ 蒙培元：《儒学现代发展的几个问题》，《北京大学学报》（哲学社会科学版）2012年第1期。

的存在论时指出"人与'自然'的关系是内在的，不是外在的"①；并指出朱子学说"从根本上说是存在论的，就因为其学说的基点是天人合一论的，人与自然是一体的"②。

因此，蒙培元指出："从存在论上说，儒家无不承认人的生命（包括心性）皆来源于天，这是一个基本的前提"③；《周易》"天地之大德曰生"的"'生'正是天地自然界的根本的价值之所在，不只是具有价值论的意义，而且具有存在论的意义"④；宋儒的"'天地生物之心'是对'生理'的目的性的一种表述，基本上是存在论的说法"⑤。

由此，蒙培元所诠释的儒家"性情"论或"情性"论，归根到底乃是"情感存在论"。他指出："真正说来，性只能从情上见，从'动'与'发'上见，这才是存在论的。……就性之作为性而言，只能在人的生命出现之后，而且只能从人的生命活动，特别是情感活动而得到说明。总之，性不可'言'，亦不可'见'，若要言性见性，只能从性之'发'与性之'用'上见，也就是只能从情上见，因为性是通过情而实现的，由情而证明其存在的。"⑥ 总之，"儒家的'情理'之学是一个大题目，能代表儒学的基本精神。它实质上是一种价值理性学说，既有存在论的基础（情感就是人的最基本的存在方式），又有深厚的人文精神"⑦。

---

① 蒙培元：《简论老子"道"的境界》，作于 1995 年 8 月 20 日；载《蒙培元全集》第七卷，四川人民出版社 2021 年版。

② 蒙培元：《"所以然"与"所当然"如何统一——从朱子对存在与价值问题的解决看中西哲学之异同》，《泉州师范学院学报》2005 年第 1 期。

③ 蒙培元：《儒学是宗教吗》，《孔子研究》2002 年第 2 期。

④ 蒙培元：《朱熹哲学生态观》，《泉州师范学院学报》2003 年第 3 期、第 5 期。

⑤ 蒙培元：《"所以然"与"所当然"如何统一——从朱子对存在与价值问题的解决看中西哲学之异同》，《泉州师范学院学报》2005 年第 1 期。

⑥ 蒙培元：《情感与理性》，第 123 页。

⑦ 蒙培元：《中国哲学中的情感理性》，《哲学动态》2008 年第 3 期。

（二）情感与理性的关系问题

这里关键的理论问题是情感与理性的关系问题。蒙培元指出："简单地说，西方是情理二分的，中国是情理合一的；西方是重理的，中国是重情的。"①

为此，蒙培元特著《情感与理性》。这里尤需注意"情理合一"的"情理"的概念："儒学的理性是'情理'即情感理性，而不是与情感相对立的认知理性，或别的什么理性"；"所谓理性不是西方式的理智能力，而是指人之所以为人的性理，这性理又是以情感为内容的，因此，它是一种'具体理性'而非'形式理性''抽象理性'，是'情理'而不是纯粹的理智、智性"。这是因为："情感中便有'道理'，这'道理'就是'性理'，也是情理"；"情感本身就能够是理性的，在情之自然之中便有必然之理。这就是所谓'情理'"。例如，"仁就是'情理'，是有情感内容的性理。这就是'具体理性'"；"仁作为最高德性本质上是情感理性即情理"。因此，蒙培元指出："宋明理学是讲'性理'的，'性理'虽然与情感有密切联系，但不如'情理'来得更直接；'情理'虽然是理性的，但它是直接由情感而来的。"总之，"这种情理合一之说，就是知情合一之说，也就是知识与价值的合一之说"。②

这里特别要注意区分蒙培元提出的"情感理性"和"理性情感"这两个概念："情感理性"是强调理性并不是与情感相对立的，而是情感本身的理性——情理，这是继承和发展了戴震对"理"的诠释；而"理性情感"则是指的情感本身的三个层次之中的中间一个层次，主要是指道德情感，即"道德情感而具有理性特征，是情理合一的"，"道德情感的理

① 蒙培元：《中国哲学的特征》，"超星慕课"（www.fanya.chaoxing.com）讲座视频，2009年；载《蒙培元全集》第十六卷，四川人民出版社2021年版。
② 蒙培元：《情感与理性》，自序第2页，第22、130、165、132、398、309页。

性化即所谓'情理'"。①

情感儒学的"心灵哲学"之维

事实上，"情感儒学"或"情感哲学"只是蒙培元哲学思想的总称；在这个总体思想的贯通与覆盖下，还有一系列次级的哲学理论建构，其中最突出的是"心灵哲学"和"生态儒学"。

如果仅就"人的存在"而论，"情感的存在"当然是"心灵的存在"。早在1993年，蒙培元就提出了"心灵哲学"概念②；1994年，则进一步提出了"中国心灵哲学"概念③。此后的一系列论文都紧密围绕这个问题，而最全面系统的论述就是1998年出版的专著《心灵超越与境界》，指出："中国哲学是一种心灵哲学"；"关于仁的学说，归根到底是一个心灵哲学的问题"；"孔子的'仁学'实际上是一种心灵哲学，孟子的心性说则完全是建立在心灵之上的"。④

蒙培元的"心灵哲学"其实是对传统"心性论"的超越与转化⑤；它是在与西方的心灵哲学的比较中阐发出来的。蒙培元认为，"西方也有心灵哲学与人性哲学，但不是倾向于物理主义，就是倾向于心理主义"，而"中国的心灵哲学把情感、意志、道德、审美作为自己的主要课题进行讨论，说明它抓住了心灵的本质，是真正的人学哲学"⑥；"西方哲学重视智能、知性，因而提倡'理性'。中国哲学重视情感、情性，因而提倡'性

① 蒙培元：《情感与理性》，第144、77页。
② 蒙培元：《心灵与境界——朱熹哲学再探讨》，《中国社会科学院研究生院学报》1993年第1期；《朱熹的心灵境界说》，载《国际朱子学会议论文集》，台湾"中研院"中国文哲研究所筹备处编，1993年5月。
③ 蒙培元：《中国的心灵哲学与超越问题》，《学术论丛》1994年第1期；《汉末批判思潮与人文主义哲学的重建》，《北京社会科学》1994年第1期。
④ 蒙培元：《心灵超越与境界》，人民出版社1998年版，第3、305、68页。
⑤ 专著《中国心性论》出版于1990年。
⑥ 蒙培元：《中国的心灵哲学与超越问题》，《学术论丛》1994年第1期。

理'。'理性'和'性理'是不同的，它们代表两种不同类型的心灵哲学"①。

（一）"心灵境界"论

蒙培元提出了自己的不同于冯友兰的境界论，即"心灵境界"论。他指出："人有向善的目的，这是内在的自我需要，被说成是一种本体存在，这是'继善成性'之事。从心灵哲学上说，则是一个境界的问题"②；"从超越的层面说，中国的心灵哲学是一种形上学，但它不是关于'实体'的形上学，而是'境界'的形上学"；因此，"提高心灵境界，这正是中国心灵哲学的优势所在。中国哲学对人类的贡献，可能就在这里"。③

（二）"情感超越"论

从情感儒学的观点看，境界的超越、心灵的超越，本质上是情感的超越。蒙培元提出："中国的心灵哲学是一种自我超越的哲学"；"这决不像康德所说，是'纯粹理性'的，更不是'神学的心灵学'（康德语），或'超绝的心灵学'（牟宗三语）……它既有经验心理的内容，又有超越的形上追求，甚至有宗教性诉求，这是中国心灵哲学最重要的特点"；"从主导方面看，西方哲学侧重于心灵的智能方面，中国哲学则更关心情感、意志方面。这是两种不同的'走向'。前者把人看成是'理性的动物'，心灵的根本特征在于理智能力，而其功能则在于认识世界。中国哲学则把人看成是'情感的动物'、'行为的动物'，其目的则是使人成为'圣人'"；"它要把人的情感升华为普遍的、超越的精神境界"。④

---

① 蒙培元：《心灵超越与境界》，人民出版社1998年版，第69页。
② 蒙培元：《心灵与境界——朱熹哲学再探讨》，《中国社会科学院研究生院学报》1993年第1期。
③ 蒙培元：《心灵超越与境界》，第17、64页。
④ 蒙培元：《心灵超越与境界》，第66、12、63、72页。

（三）"心灵开放"论

蒙培元"心灵哲学"的宗旨，是保持一颗"开放的心灵"。他认为："自由的心灵是开放的，不是封闭的。"[1] 为此，他特撰专文《心灵的开放与开放的心灵》，并在专著《心灵超越与境界》中辟有专节"心灵的开放"。他指出，中国哲学的现代转化"不能是'返本开新'或'良知坎陷'，而应是心灵的解放或开放。……今日要弘扬传统哲学，除了同情和敬意之外，还要有理性的批判精神，实行真正的心灵'转向'，使心灵变成一个开放系统"[2]。

这是因为，"作为现代人的生存空间（或生活空间），决不是封闭的，只能是开放的。只有开放，才能发展，无论就社会而言，还是就文化而言，都是如此"[3]；"只有立足于当代，从历史意识、主体意识、开放意识和批判意识出发，积极对待传统、理解传统，才能实现民族精神与时代精神的融合，也才能使民族精神之花结出现代化的丰硕之果"[4]。

因此，"在世界'一体化'的进程中，儒学研究只能在开放的意识下进行"[5]；"必须在文化开放的条件下才能实现儒家思想的现代化"[6]；"我们只能站在时代的高度，以开放的心胸，对传统哲学包括儒学不断进行理解、解释、选择与批判，它的时代意义才能显示出来"[7]；"在对话的过程中将这些体系变成完全开放的体系，并且从实践的层面去看，就会面对人

---

[1] 蒙培元：《自由与自然——庄子的心灵境界说》，载《道家文化研究》第 10 辑，上海古籍出版社 1996 年版。

[2] 蒙培元：《心灵的开放与开放的心灵》，《哲学研究》1995 年第 10 期。

[3] 蒙培元：《中国文化与人文精神》，《孔子研究》1997 年第 1 期。

[4] 蒙培元：《怎样理解民族精神》，《学术月刊》1992 年第 3 期。

[5] 蒙培元：《开辟儒学研究的新境界》，《孔子研究》1999 年第 3 期。

[6] 蒙培元：《儒家的"人本主义"能不能适应现代化——儒家思想文化与现代化漫谈》，《民族文化论丛》第 10 辑，韩国岭南大学民族文化研究所 1989 年版。

[7] 蒙培元、干春松：《心灵与境界——访蒙培元研究员》，《哲学动态》1995 年第 3 期。

类的共同问题，找到共同的解决方式"①；"如果进行消解之后重新加以整合，以开放的心胸吸收西方智性文化以及合理的感性主义，那么，中国的德性文化不仅是一种价值资源，而且能变成现代文化的重要组成部分"②。

在蒙培元看来，"心灵的开放"本来就是中国哲学的一个传统："在历史的阐释中，中国哲学不仅有丰富的多层面的内涵，而且永远是一个开放的系统"③；"在历史的发展中，儒学自身具有开放性，可能出现多样化的选择"④。他之所以主张"回到孔子，而不是承接宋儒"，是因为后者"丧失了孔子处的经验性、开放性"⑤；孟子"具有开放型人格"⑥；庄子"这样的心灵是一个完全开放的心灵，光明的心灵，就是自由境界"⑦；程颢"不是主张排斥情感、禁绝情感，而是主张开放情感、陶冶情感，使之'适道'、'合理'，实现情性合一、情理合一的境界"⑧；叶适具有"一种开放的同时又是以儒为本位的德性观"⑨；"王夫之对近代科学方法……以积极开放的心态，敢于吸收进来，用以改造和发展传统的认识方法"⑩；冯友兰"打破了文化保守主义，以开放的心胸面对时代课题，通过中西哲学互相解释、互相沟通，建立新的中国哲学"⑪；熊十力"中国哲学本位论的立场，并不是故步自封、缺乏开放意识，而是体认到中国哲学在人生

① 蒙培元：《从仁的四个层面看普遍伦理的可能性》，《中国哲学史》2000年第4期。
② 蒙培元：《换一个视角看中国传统文化》，《亚文》第1辑，中国社会科学出版社1996年版。
③ 蒙培元：《20世纪中国哲学的回顾与展望》，《泉州师范学院学报》2001年第3期。
④ 蒙培元：《叶适的德性之学及其批判精神》，《哲学研究》2001年第4期。
⑤ 蒙培元、陈明：《当代儒学研究中的诸问题——蒙培元、陈明对话录》，《北京青年政治学院学报》2009年第1期。
⑥ 蒙培元：《儒家的"人本主义"能不能适应现代化——儒家思想文化与现代化漫谈》，载《民族文化论丛》第10辑，韩国岭南大学民族文化研究所1989年版。
⑦ 蒙培元：《自由与自然——庄子的心灵境界说》，载《道家文化研究》第10辑，上海古籍出版社1996年版。
⑧ 蒙培元：《心灵超越与境界》，第281页。
⑨ 蒙培元：《叶适的德性之学及其批判精神》，《哲学研究》2001年第4期。
⑩ 蒙培元：《理学范畴系统》，人民出版社1989年版，第366页。
⑪ 蒙培元：《心灵超越与境界》，第401页。

价值和天人关系问题上，对现代人类具有不可估量的意义"①；"牟宗三之后的新儒家们，已经开始发生分化，而且以更开放的心胸对待中西哲学与文化的问题"②；等等。

这种"开放"的心灵哲学，终究归属情感儒学："儒学又是一个开放的系统，具有很大的弹性和包容性。正因为如此，它并不完全排斥一切竞争，它可以而且能够融入新的时代，在新的竞争中形成新的和谐，从而满足人们的情感需要"③；"如果能改变整体论的绝对主义和内向性的封闭主义，使心灵变得更加开放，那么，它的功能性特征和情感意向性特征，将会对现代哲学作出贡献"④。

情感儒学的"生态儒学"之维

如果说"心灵哲学"侧重于"人的存在"，那么，"生态儒学"就侧重于"人与自然的共在"，更充分地体现了情感儒学的存在论意义。蒙培元提出："人与自然和谐相处的最高境界，这里包含着深层次的生态哲学问题。自然界创造了人，人被创造之后便自立于天地之间而能够'自我作主'。但这所谓'自我作主'，不是为了主宰自然界以显示人的优越，而是为了完成自然界赋予我们的使命，以'生理'之仁关爱人类和万物，关爱一切生命，实现人与自然界的生命和谐"⑤；"这是人与自然和谐统一的理想境界，是生态哲学的最高成就"⑥。

---

① 蒙培元：《生命本体与生命关怀——熊十力哲学新解》，载《新哲学》第三辑，大象出版社 2004 年版。

② 张岱年、蒙培元：《二十世纪中国哲学的发展与前景》，载《蒙培元全集》第九卷，四川人民出版社 2021 年版。

③ 蒙培元：《儒家的德性伦理与现代社会》，《齐鲁学刊》2001 年第 4 期。

④ 蒙培元：《主体·心灵·境界——我的中国哲学研究》，载《今日中国哲学》，广西人民出版社 1996 年版。

⑤ 蒙培元：《从栗谷的仁学看儒学与现代性的问题》，《新视野》2002 年第 1 期。

⑥ 蒙培元：《中国哲学生态观论纲》，《中国哲学史》2003 年第 1 期。

　　蒙培元的生态哲学探索，始于 1998 年的论文《人对自然界有没有义务——从儒家人学与可持续发展谈起》①，完成于 2004 年的专著《人与自然——中国哲学生态观》，此后继续拓展和深化。2012 年的论文《儒学现代发展的几个问题》提出了"生态儒学"的概念："随着研究的深入，出现了生态儒学，这是儒学研究和发展的新突破，具有重要意义。"②

　　这种生态儒学乃是中国生态哲学思想传统的创造性转化、创新性发展。蒙培元说："我们发现，中国哲学是深层次的生态哲学。"③ 他认为，"孔子是儒家生态哲学的开创者。孔子虽然没有明确提出'生态哲学'这个概念，如同他并没有提出'哲学'这一概念一样；但是，在他的思想言论中包含着丰富的生态意识，并影响到后来儒学的发展。儒家的'天人合一'之学是从孔子开始的，孔子的'天人合一'之学与生态哲学有极大关系"④；同时，老子"以'回归自然'为其哲学的根本宗旨，为中国古代的生态哲学作出了重大贡献"；"庄子是中国哲学史上最早提出'人与天一'命题的著名哲学家，为中国的'天人合一说'作出了重大贡献。其中，包含着极其丰富而又深刻的生态哲学的内容"，"庄子不愧是非人类中心论的生态哲学的大师"；"'万物一体说'是儒家仁学与道家庄子'天地与我并生，万物与我为一'学说结合的产物，是新儒家生态哲学的最高成就"⑤；"从一定意义上说，儒家仁学是积极的生态哲学，佛、道是消极的生态哲学"⑥。

---

　　① 蒙培元：《人对自然界有没有义务——从儒家人学与可持续发展谈起》，载《国际儒学研究》第六辑，中国社会科学出版社 1999 年版。

　　② 蒙培元：《儒学现代发展的几个问题》，《北京大学学报》（哲学社会科学版）2012 年第 1 期。

　　③ 蒙培元：《为什么说中国哲学是深层生态学》，《新视野》2002 年第 6 期。

　　④ 蒙培元：《孔子天人之学的生态意义》，《中国哲学史》2002 年第 2 期。

　　⑤ 蒙培元：《人与自然——中国哲学生态观》，人民出版社 2004 年版，第 191、218、245、336 页。

　　⑥ 蒙培元：《生命本体与生命关怀——熊十力哲学新解》，载《新哲学》第三辑，大象出版社 2004 年版。

（一）生态存在论

蒙培元的生态儒学并不仅仅是一个形下学层级的理论，而是具有存在论意义的理论："这样的生态哲学不只是保持或改善'生态环境'的问题，而是人类生存方式的问题和生命价值的问题"①；"这样的一种'生态哲学'，或者称为'生存的生态学'，不只是保持或者改善一下生态环境而已，不仅仅是一个手段的问题，而是人类生存方式的问题和生命价值的问题"②。

这是因为："儒学不是唯理性主义的，也不是非理性主义的。既不是'本质先于存在'，也不是'存在先于本质'，而是'本质即存在'，即生命存在与理性的统一。这就是儒家的生命哲学，也是一种生态哲学。人对自然界的山水、草木、飞禽、走兽有一种出自生命的关怀，而不是为了满足欲望而去控制、统治、占有、主宰，这样才能得到人生的乐趣。"③ 例如，"宋明儒家通过对仁的诠释，已经提出万物平等的观念"；"这是一种极富生态意义的生命哲学。仁的内容、意义和范围的不断延伸，远远超出了人类中心论，变成真正意义上的生态哲学、生态文化。这是仁学诠释中最值得重视的现象"。④

唯其具有存在论层级的普遍意义，这种生态哲学才能涵盖"生态伦理"和"生态美学"："儒学是一种人文主义的生态哲学，即在人文关怀中实现人与自身、人与人、人与社会、人与自然的整体和谐，其中包含生态伦理与生态美学的丰富内容。所谓'生态伦理'，就是承认人与自然之间有一种生命联系，人对自然界的万物有一种道德责任和义务，要尊重一

---

① 蒙培元：《为什么说中国哲学是深层生态学》，《新视野》2002 年第 6 期。
② 蒙培元：《中国哲学的特征》，"超星慕课"讲座视频，2009 年；载《蒙培元全集》第十六卷，四川人民出版社 2021 年版。
③ 蒙培元：《亲近自然——人类生存发展之道》，《北京社会科学》2002 年第 1 期。
④ 蒙培元：《中国哲学的诠释问题——以仁为中心》，《人文杂志》2005 年第 4 期。

切生命的价值，与之和谐相处。……所谓'生态美学'，是指人在与自然的和谐中能体会到生命愉快与乐趣，享受到自然之美。……由此进入'天人合一'的境界，即由有限而进入无限，就能享受到人生最大的快乐。……人的生命意义和价值就在于此。"①

（二）情感生态论

这样的生态哲学思想，仍建基于情感儒学："这种人与万物一体的境界是儒家生态哲学的最高成就，也是最高理想，它不是出于单纯的功利目的，而是出于人的生命的需要、内在情感的需要，因此，孟子对于动物才能说出'见其生，不忍见其死；闻其声，不忍食其肉'的话"②；"自从孟子提出'仁民爱物'的学说之后，'爱物'就成为儒家生态哲学的最重要的内容，其实质是在人与自然界的万物之间建立起以情感为基础、以仁为核心的价值关系。……这种出于生命情感的内在需要而不是功利目的的'爱物'思想，是儒家独有的生态哲学"③。

这就是说，这种生态哲学的根本精神就是"仁爱"的情感："爱护自然界的生命，这就是一种生态哲学，它不仅看到了人与万物之间的生命联系，而且看到了自然界一切生命的价值，它们是值得同情的，值得爱护的，这本身就是人的生存方式、生活态度。在人的生命情感之中便具有这方面的需要"④；"最重要的是，仁的德性决不限于人间性，而是扩充、延伸到人与自然界的关系之中，因而是一种深层的生态哲学"；"人类同情心是一种伟大的情感，将这种情感施之于自然界，作为仁的实现，是中国文化对人类的贡献。这就意味着，自然界的动、植物具有自身的价值与生

---

① 蒙培元：《儒家的人文精神及其特点》，作于 2003 年 1 月；载《蒙培元全集》第十二卷，四川人民出版社 2021 年版。

② 蒙培元：《中国哲学生态观的两个问题》，《鄱阳湖学刊》2009 年第 1 期。

③ 蒙培元：《中国哲学的特征》，"超星慕课"讲座视频，2009 年；载《蒙培元全集》第十六卷，四川人民出版社 2021 年版。

④ 蒙培元：《孔子天人之学的生态意义》，《中国哲学史》2002 年第 2 期。

存权利，它们的生命与人类的生命是相通的，人类要平等地看待自然界的生命，要尊重自然界的生命。这不仅是一种法律上的规定（中国古代有这方面的详细规定），而且是一种道德上的义务"①。因此，"人之所以为人之性，就在于'体万物'而无所遗，就在于对万物实行仁爱，即所谓'仁者人也'。这种宇宙关怀，实际上是生态哲学最伟大的精神遗产"②。

综上所述，蒙培元认为，"中国哲学最后的实现就在'生态哲学'的问题上，所以中国哲学对我们现在解决人类生存方式的问题有独特的贡献"③；但是，"中国的生态哲学要进入现代社会，对现代人的生存方式发生作用，就必须实现'现代的转换'，这也是毫无疑问的。我们不能、也不可能回到过去的农业社会，过一种古代田园式的生活；但是，我们能够，而且必须处理好人与自然的关系"④。

---

① 蒙培元：《从中西传统人权观念看人与自然的关系》，《人权》2002 年第 5 期。
② 蒙培元：《〈中庸〉的"参赞化育说"》，《泉州师范学院学报》2002 年第 5 期。
③ 蒙培元：《中国哲学的特征》，"超星慕课"讲座视频，2009 年；载《蒙培元全集》第十六卷，四川人民出版社 2021 年版。
④ 蒙培元：《为什么说中国哲学是深层生态学》，《新视野》2002 年第 6 期。

死生贞元

——蒙培元先生追思会发言*

各位师友：上午好！

我作为蒙先生的弟子，首先要感谢中国社科院哲学所举办蒙培元先生追思会，同时感谢各位师友前来参加追思会。

这里，敬呈拙诗一首，以表对蒙先生的追思之情：

情动言形悼恩师

初闻噩耗泪如倾，追忆当年在望京。

三载春风聆教诲，一腔迷雾得澄清。

方知万理爱之理，乃悟众生情所生。

今日恩师离我去，天教贞下起元亨。

诗题中的"情动言形"，出自毛亨的《诗大序》："诗者，志之所之也：在心为志，发言为诗；情动于中，而形于言。"

第一句"惊闻噩耗泪如倾"：蒙先生于2023年7月12日溘然长逝。初闻噩耗，即欲撰文悼念，和泪为墨，寄哀思于笔端。然而，自7月13

---

　　* 本文是作者在中国社会科学院哲学研究所2023年9月20日举行的蒙培元先生追思会的发言。

日以来，众多单位与个人纷纷发来唁电，须及时回应并转发，一时手忙脚乱。并且，那段时间，千头万绪，方寸大乱。此后，幸有《光明日报》约稿，我才得以痛定而撰万字长文《情感儒学：中国哲学现代转化的一个范例——蒙培元哲学思想研究》，刊发于《光明日报》理论版 9 月 11 日的"文史哲"周刊。

第二句"追忆当年在望京"："望京"即北京市朝阳区望京新城，当时蒙先生居住此地，中国社科院研究生院也在此地，我也在此师从蒙先生攻读博士学位。

第三句"三载春风聆教诲"："春风"是"如坐春风"的典故，见朱熹《伊洛渊源录》：宋代朱光庭在汝州听大儒程颢讲学一个多月，回去后对人说："光庭在春风中坐了一月。"我当年在研究生院跟从蒙先生研读儒学，三年期间，时闻先生教诲，如坐春风。

第四句"一腔迷雾得澄清"：在师从蒙先生之前，我是出入中西，学无宗旨，一片迷茫；师从蒙先生之后，便犹如拨云见日，慨然皈依儒门。

第五句"方知万理爱之理"："万理"指万殊之理、分殊之理。"爱之理"指仁爱的"仁"，原是朱熹的说法。蒙先生早在 1985 年就指出："朱熹对仁所作的介说是：'心之德而爱之理。'仁作为性，其基本特征就是被理性化了。孔子说'仁者爱人'，如果还带有情感的色彩，那么到了朱熹，则完全变成了纯理性。爱只是情，而不是性，仁则是爱之理而不是爱。但也不能离爱而谈仁，离情而谈性。"① 最后一句特别重要，其实委婉地暗示了他对朱熹思想的某种不满，预示着蒙先生自己的"情感儒学"的萌芽。1987 年，蒙先生便明确提出了"儒家哲学就是情感哲学"②，继而指出：虽然"仁是'爱之理'而不是爱"，但"必须通过爱和同情、关心、互助等情感意识及其活动实现出来。没有情感这个环节，所谓仁不过

---

① 蒙培元：《论朱熹哲学的范畴体系》，载《中国文化与中国哲学》，东方出版社 1986 年版（创刊号），第 260–303 页。

② 蒙培元：《论理学范畴系统》，《哲学研究》1987 年第 11 期，第 38–47 页。

是纯粹抽象的观念，并不能成为人的现实本质"。① 此时，蒙先生尽管还持"性本论"，却不是朱熹的"理本论"；再后来，蒙先生很快就转向了彻底的"情本论"，却也不是李泽厚先生后来所说的"情本论"。

第六句"乃悟众生情所生"："众生"是佛学的术语，这里是诗歌格律的需要，实际上是指儒家所说的"天地万物"。一切皆是"情所生"，这是揭示了情感的创生性。按蒙先生情感儒学的"情本"逻辑，作为"情理"的"仁"表现为"生"，所以，"'生'的哲学是仁学的宇宙论基础"，"仁也可以说是一种存在状态，这种存在状态就处在不断生成、不断展开的过程之中"，这虽然"并不是上帝创造世界那样的'创生'"，但"天之所以为天，全在自然'生生之理'"，"所谓'生生不已''生生而不容已'者，即是说，向着一个目的不断地生成"。② 为此，蒙先生专节分析过"中国心灵哲学的创生性特征"③。当然，这里的"情"不仅指"人之情"，而且指庄子所谓"事之情"，即作为"存在"而不是"存在者"，也就是蒙先生一向强调的"天地之情""天地之心"。

第七句"今日恩师离我去"：蒙先生于 7 月 12 日仙逝；7 月 16 日，我与同门诸君赴积水潭医院为恩师扶柩，再赴昌平殡仪馆向恩师告别。

第八句"天教贞下起元亨"：各位知道，这是冯友兰先生"贞下起元"的典故。而除此之外，我在这里还想表达另一层意思：蒙先生的"情感儒学"对于冯先生的"新理学"来说也是另一种意义的"贞下起元"；我辈作为蒙先生的弟子与后学，也应当肩负起这种"贞下起元"的时代责任。

最后，再次真诚感谢各位师友！

---

① 蒙培元：《李退溪的情感哲学》，载韩国退溪学研究院《退溪学报》1988 年第 58 卷，第 83－92 页；另见《浙江学刊》1992 年第 5 期，第 71－74 页。

② 蒙培元：《心灵超越与境界》，人民出版社 1998 年版，第 373－374 页。

③ 蒙培元：《中国哲学的特征》，"超星慕课"讲座视频，2009 年；收入《蒙培元全集》第十六卷，四川人民出版社 2021 年版。